美，是一种永恒的信仰。

智读汇

连接更多书与书，书与人，人与人。

美丽·内外兼修

刘双琼　著

中华工商联合出版社

图书在版编目（CIP）数据

美丽·内外兼修 / 刘双琼著 . —北京：中华工商
联合出版社，2021.3
ISBN 978-7-5158-2544-1

Ⅰ . ①美… Ⅱ . ①刘… Ⅲ . ①女性—成功心理—通俗
读物 Ⅳ . ① B848.4-49

中国版本图书馆 CIP 数据核字（2021）第 073803 号

美丽·内外兼修

作　　者：刘双琼
出 品 人：李　梁
责任编辑：付德华　关山美
装帧设计：王桂花
责任审读：于建廷
责任印制：迈致红
出版发行：中华工商联合出版社有限责任公司
印　　刷：北京毅峰迅捷印刷有限公司
版　　次：2021 年 6 月第 1 版
印　　次：2021 年 6 月第 1 次印刷
开　　本：880mm×1230mm　1/32
字　　数：160 千字
印　　张：7.25
书　　号：ISBN 978-7-5158-2544-1
定　　价：58.00 元

服务热线：010-58301130-0（前台）
销售热线：010-58301132（发行部）
　　　　　010-58302977（网络部）
　　　　　010-58302837（馆配部）
　　　　　010-58302813（团购部）
地址邮编：北京市西城区西环广场 A 座
　　　　　19-20 层，100044
http://www.chgslcbs.cn
投稿热线：010-58302907（总编室）
投稿邮箱：1621239583@qq.com

品牌信仰　虚事实做

　　亲爱的，你一定很想成为一个内外兼修的美丽女人。但你想知道一群内外兼修的女人，是如何把"美"成功塑造为品牌信仰的吗？《美丽·内外兼修》将向你讲述。

　　我和她结缘于共创双尚伟业这堂课。那时候，公司刚成立两个月，是个拥有 2000 名"双尚人"的大家庭。课堂上，她的团队充盈着满满的爱，"一件事、一群人、一条心、一辈子、一起拼、一定赢"，就是创业初期的团队理念。

　　把爱上升到超越管理的最高境界是很多企业创业中的共同现象，而这也成为制约企业发展的核心根本。于是，课堂上我告诉他们，**企业的长远发展只有爱是不够的。管理需要爱，但爱不能替代管理，真正的管理还需要建立一套完整的价值观体系。**

　　这引起了她们的创始人——刘双琼女士的重视。课后不久，双总和丁总就亲自来到上海和我达成战略合作，要我成为公司的"BBS品牌信仰战略"高级顾问，建立并落地企业文化，重塑品牌信仰。我有幸陪伴双总从0到1打造和落地企业文化的同时，见证了她三年从0到1个亿的奇迹。

建立企业文化，重塑品牌信仰，她们也是千辛万苦。做业绩是生意人的看家本领，但做文化却往往草率随意。而双总和双尚人的坚定信念，打破了业界常规。他们培训时思想高度统一，商讨时热火朝天各抒己见，修改时理性谨慎，既不放过每个细节，也不错漏每个关键点，如同做业绩一样地专注投入。因此，他们制定企业文化非常高效，并在落地过程中价值观高度共识。

从双总到双尚人，他们精神能量的传递让企业文化格外有力量。所以，《美丽·内外兼修》中所蕴藏的品牌故事，不仅值得所有创业者学习，也值得行业人借鉴。

在书中，我们可以看到：

他们事业的生存之道和发展路径是什么？

企业创始人和企业的品牌信仰是什么？

企业品牌信仰是如何虚事实做高效落地的？

企业是如何朝着真正的民族品牌发展的？

企业是如何真正地做到受人尊敬的？

所以，如果你追求美丽，或者是一份美丽事业的从业者、消费者、创业者，甚至你经营的企业正遭遇瓶颈，我都会推荐你阅读这本《美丽·内外兼修》。因为，它见证了这个品牌是如何在品牌信仰的引领下，将美丽事业传遍祖国大地，让女人美丽，家庭幸福，社会和谐的。同时，我希望你也能为中国拥有更多这样的公司而骄傲，更希望我们都能不忘初心、牢记使命，共建营商环境、重塑品牌信仰，为民族品牌复兴而贡献力量。

现在，我可以告诉你，这个品牌叫作——双尚实业。

双尚实业品牌信仰高级顾问

杨新明

2020 年 12 月

美，是一种永恒的信仰

　　我这辈子最幸福的事情，是创造了"以致力于帮助天下女人美丽一身、一生美丽"为己任的美丽事业，由内而外地重新塑造千千万万女性的美丽自信人生和幸福美满家庭。在我看来，女人是一朵不败的花，要活出人间最美的模样。作为一个美丽的塑造者，我与我的团队共同将美丽播撒人间，使每个女人都能绽放自己的美丽，我深感自豪。

　　在写这本书的过程中，我回顾了自己从一个平凡的打工妹，到开办美容院，到做品牌代理，再到创办双尚实业、打造修身管家品牌，一路走到了今天这段历程，真可谓感慨万千。

　　我是地地道道的草根创业者，能做到今天，除了感恩时运际遇之外，我也感谢自己这一路的积极进取和从未放弃。人生是一场修行，创业是一场苦行。在创业的过程中，不仅会遇到各种挑战、各种挫折，还有各种取舍。不管哪一关没过，这份事业都有可能失败。没有一份强大的精神力量，是很难坚持下来的。

在面对诸多挑战的时候，我是凭借自己这颗顽强拼搏的心，一次次地激流勇进，证明了自己。在面对诸多挫折的时候，我是凭借自己身上那股永不服输的劲儿，一次次地迎难而上，跌倒了又重新爬起。而在面对诸多取舍的时候，我是遵循自己善良的天性，一次次地拒绝了那些诱惑，选择了正确的方向。

直到今天，积极的心态、拼搏的精神、善良的天性，仍然是我力量的源泉。

在这本书中，我把自己的这些经历一一记述了下来，首先是为了回顾自己曾经走过的路，借此感恩那些在我生命中曾经温暖和照亮过我的人和事，向他们真诚地道一声"谢谢"！同时，也希望自己的这段经历与心路，能感染和帮助到身边更多的人，带给他们希望和力量。当然，我更想能借助这本书，点燃无数怀有美丽梦想的女人们心中的火种，激发她们勇敢追求美丽，勇敢投身美丽事业，进而成就不凡的人生。

回忆这段艰辛而奇妙的创业旅程时，也更加坚定了我创业的初心。未来，我将会更加努力把双尚这份美丽的事业做好，传承我们这份赤诚的责任心，把健康和美丽带到更多人的脸上、身上和心上，也为整个社会增添一份美丽。

"爱美之心，人皆有之"。我希望越来越多的女性朋友们加入双尚的队伍中。与我同行,与我一起致力于美丽事业,热爱美、创造美、传播美,让这个世界变得更美……找到美丽与生命的共鸣,把美丽升华成一种源源不绝的正能量!

双尚实业创始人

刘双琼

2020 年 11 月

目录
Contents

第一章

美丽一个女人

美丽一个女人，不是一个人的事，也不仅仅只是某一个商品，而是一个行业，可以干一辈子的事业。

美丽，内外兼修

当这双手，让我开始从学手艺到养活自己，从获得机会踏入美容行业到发自内心的热爱和珍惜时，美丽事业在我的生命里悄然埋下了种子，也给我的血液里融入了成就事业的生命力。

美丽不是一件商品，而是一种理念，一种精神。于内，它由经过时间洗礼的人生经历修炼而成，于外，它由形体、妆发、服装等搭配组合而成。美丽内外兼修，就是一场关于美丽的自我修行。

大千世界，想要生存下来，凭借一双手就能够自我创造。

我是地地道道的草根出生。云南省曲靖市马龙区的一个小山村，是我成长的地方。那时候，在偏僻的山村里，想要活下来，就必须依靠自己的一双手。这双手能创造多少劳动成果，就能给生活带来多少改变。

山村坐落于崇山峻岭深处，闭塞落后，人们只能苦守着几亩薄地，劳作异常艰苦。除了种植一些渴望能填饱肚子的农作物之外，没有什么别的出产。贫穷就像一个噩梦一样，牢牢地缠绕着这里的人们。

我们家的日子更是捉襟见肘。我的父亲，是一位朴实善良的农民，因为家境贫寒，他从未上过学，连自己的名字都不会写。我的母亲双腿瘫痪，无法站立，常年卧病在地灶旁。所以，家庭的重担全部落在了父亲肩膀上。

父亲每日在田间辛勤劳作，农忙时节天天披星戴月地干活，一个人撑起了一个家。繁重的农活，压弯了父亲的腰。因为母亲身患重病，每天都需要吃药，医药费就成了家里一笔不小的开支。虽然父亲终日劳作，家里的生活却依然非常拮据，入不敷出。

在我的记忆里，小时候的生活很苦，家里的大米不够吃，要掺着玉米面一起吃，更别说吃肉了。有时，土豆就是我们一日三餐的主食。那时候，我经常饿肚子。也因为如此，我一直营养不良，长得非常瘦弱。

都说"穷人家的孩子早当家"，从小我就学会了帮家里做一些力所能及的家务，还会帮着照顾母亲，尽量为父亲减轻负担。我很少能像同龄孩子一样无忧无虑地在外面与小伙伴一起玩耍，每天放学回家后，我的第一件事就是放下书包打扫卫生，然后再写作业。

在我 15 岁那年，常年病痛缠身的母亲，最终油尽灯枯，永远地离开了这个世界。家里巨大的变故，我做出了辍学回家的决定。从那之后，我就和父亲一起扛起了家庭的重担。

田间劳作的辛苦，没有亲身体验的人是想象不出来的。那时，家里唯一的经济来源是种植烟叶。采摘烟叶的时候，正是暴雨频繁的季节。我经常要冒着大雨采烟叶，即使在生理期也不例外。在冰冷的雨水中，我冻得瑟瑟发抖，但除了继续干活外，我别无选择！

在花儿一般的青春，在一个女孩最美好的年华里，我的手却长满了老茧。而反复的浸泡、风干，我手上的皮肤也开始变得干燥，有些地方还有开裂的口子。日复一日地采摘烟叶，时间长了，那些裂缝里，也都沉积下了黄褐色的烟油。

每一个夜晚，在昏暗的灯光下，我看着自己这双黑黄干燥丑陋的手，感觉它就不应该长在自己身上。然而，当白天乌云散去，阳光透过云的缝隙照射下来，我伸手挡在额前仰望天空，看见光从手缝间穿过，稚嫩的双手被阳光照射得通透又轮廓分明时，又觉得这双手美得充满了力量，因为我用它撑起了一个家。

当我用双手撑起这个家，我在小小的年纪便拥有了一股不服输的顽强劲，给我的骨髓里注入了一种力量，让我拥有能在任何困境中生存下来的能力。

渐渐地，我长大了，我离开了那个生我、养我的小山村，来到了县城。我干起了很多人都觉得枯燥乏味的包装工作。在这份包装工作中，我的这双手让一个个刚从生产线下来的产品，摇身一变，就变成可以卖钱的商品。这时的双手，仍然粗糙，但我为它而骄傲。因为，我知道，我可以用它来养活自己。

我的生命是母亲给的，但面对命运中的遭遇，我学会了用自己的双手去创造，去改变。我用这双手不断地创造自己的生活，从此也走上了不信命、不服输的道路。

我清晰地记得，离开包装厂，走进大城市，临别时，父亲那一头霜染的白发和他疼惜的眼神。我也清晰地记得，父亲红着眼圈，万般不舍对我说的那句话："干旱三年，饿不死手艺人。"正因为父亲的这句话，我想要成为一名手艺人，并立志要用这双手闯出一片天的初心！

一个初入大城市的小女孩，面对霓虹闪烁的繁华都市，内心既充满了对未知的好奇和向往，也充满了彷徨和迷茫。手艺人的路该从何开始？我选择了做美发学徒。

理想是美好的，现实却总是残酷的。一开始做学徒，我的手艺人之路就面临挑战。我这双手竟然对洗发水过敏！布满裂纹的手，一旦遇到洗发水，那种火辣辣的疼和针扎一般的刺痛，每服务一位客户，就是对自己想要成为手艺人的信念挑战；每服务一位客户，就是对自己想要用双手闯天下，改变人生命运决心的挑战。

现实的冰冷，布满裂纹的手，一触碰洗发水就敏感得像针扎一样火辣辣的疼，让我在异乡的街头，有种颠沛流离的感觉。但是，我一直在给自己打气：绝不能做逃兵，不能举手投降！就算前路一片黑暗，我也要坚持，直到太阳升起。

最终，还是这双手所迸发出来的力量，战胜了它的外在不完美。我咬着牙，带着这双外表不美丽，却充满力量的双手，带着一颗开始了就要尽力坚持的心和要学到手艺的想法坚持做了一年，才因为双手脱皮严重，终止了美发学徒的生涯。

离开的时候，打工一年的我仍然一无所有。偌大的城市，我找不到自己的容身之所。我曾经因为没钱，一天只能吃一顿饭，我去过很多美容院应聘，但每次老板们一看到我那双粗糙、开裂的双手就连连摇头。我也曾经被骗过、讹过，尝尽了生活的酸甜苦辣，也品足了人间的世态炎凉，更见过了世间的人心险恶。但它们，并未阻止我想要成为手艺人的初心。

"山重水复疑无路，柳暗花明又一村。"我看着这双粗糙、开裂的手，想着与父亲离别时的场景和自己走过的路，差一点就以为靠这双手闯天下的梦想要破灭了，却在这个时候，因为一个人，给我的生命带进来了一道光，燃起了我内心对未来的火焰，让我的生命焕发出了新的生机，令我至今心怀感恩。

这个贵人，我叫她陈大姐，当时她是一家美容院的老板。在去她店里应聘的时候，发生了一个小插曲：面试的时候，我实在太紧张了，竟然不小心把桌子上的水杯碰倒了，水洒了一地。我很愧疚，急忙道歉，还马上找来了拖把，把弄湿的地面擦干净。我没想到，就是这么一个小小的举动，对我来说就是一个礼貌或者顺手的事情，让陈大姐看在眼里，当场决定让我留下来。

在这样的机缘巧合之下，我进入了美容行业。而陈大姐也成为带我进入美业的启蒙老师。

这样的经历放到现在，应该都不会有人相信，尤其是我这样一双粗糙的手，能进入美容行业做什么呢？但当时，我顾不上多想，一方面陈大姐解决了我当时的燃眉之急，另一方面我也想着既然人生要给我机会，那么我就应当带着不信命的信念，去创造奇迹！

刚开始在美容院工作，每个月就 300 元的薪水，还要解决吃住的问题，日子过得紧巴巴的，吃一碗泡面都是一件奢侈的事情。但我想，与其为此哀号、抱怨，不如学着去接受，把这些经历都当作人生中最宝贵的财富。

我知道带着粗糙双手做不了真正美容师的工作，但因为内心的热爱，我可以用自己的方式成为一名手艺人。我为同事洗白大褂，浸泡、清洗毛巾、面膜碗，打扫卫生。当时昆明的小巷里，一元钱可以买一把鲜花，我就用心地把矿泉水瓶剪成花瓶，然后将鲜花一根根修剪好插在花瓶中变成装饰品，妆点工作环境，带来轻松愉悦的氛围。

我知道带着粗糙双手在美容院工作，更应当珍惜这份工作的来之不易，就要比别人更努力。我每天都是到店最早、离开最晚的。当时，身边的同事像走马灯一样换了一批又一批，但我从来都没有动过跳槽的念头。我在店里学能力、学经验，一点点积累自己的本领和实力。每天看到店里窗明几净、一尘不染，我就会感到满足，把店当家一样，把职业当事业一样地用心倾注，我觉得要干一番事业就应当有匠人之心。

当这双手，让我开始从学手艺到养活自己，从获得机会踏入美容行业到发自内心的热爱和珍惜时，美丽事业在我的生命里悄然埋下了种子，也给我的血液里融入了成就事业的生命力。

我用心在热爱的工作中学习和成长，也全身心地倾注其中。我脚踏实地一步一步往前走，累积经验！也一点一点地向上爬，坚定信念！又再次在学习和成长中遇到了贵人。

她是我洽谈美容美体业务时遇到的一位老师。当时，我们一见如故。她希望我能够参与到她的项目中去，而我有些拿不定主意。然而，就在她站上舞台，尽情地展现自己的自信和美丽时，我的心为之一动，仿佛看见了多年后自己的样子，萌生了"我也可以这样"的想法。她仿佛激活了我那颗美丽事业的种子，并让种子获取了营养，欲在心田里生根发芽，使我想要开创自己的美丽事业，并耕耘它。

不久，我就开了人生中的第一家属于自己的美容院，走上了创业之路。我知道，只有出发才会发现自己奋斗的样子竟是如此动人，距离想要的世界也是如此之近。也只有行动，我们才能实现尚未实现的梦想，抵达尚未抵达的远方。

然而，创业的艰难远比表面看到的光鲜要多得多。资金、市场、人才、管理、人脉……各种各样的问题让我时时产生举步维艰的感觉。我这个倔脾气，只要选择的路，无论多么艰难，我都会咬着牙向前，绝不允许自己回头。我有着热切的奋斗之心，从一脸羞涩地推广介绍，到镇定自若的上台展示。一开始进行自我介绍，我紧张得心跳过速，但最终也练就了不怯场、滔滔不绝将产品的功效与理念意义介绍给大家的能力，获得一次次自我展示的突破。当我变得越来越强大，也越来越有魅力时，就越来越享受在舞台上的感觉了。

创业中，影响我最深的人生观是"天道酬勤"，一直以来我都在用实际行动践行着这四个字。创业第一年，我一个人东奔西走，开车跑了十万公里，走遍了云南、贵州、四川的大城小镇。我的车就像皮卡车，不光载人，还载货，后备厢里随时都是满满的货。每到一个地方，我都亲自给他们换货，虽然有时累得胳膊都酸痛不已，但我总是乐此不疲。就这样，活着活着，我也开始有了一起并肩作战的队伍。

云贵一带的路是出名的难走，不是爬坡就是上坎，有些地方还非常窄，到附近县城的路更是"难于上青天"。尤其是攀枝花渔门镇一带的山路，堪称"山路十八弯"。盘山公路爬到山顶，再盘山公路下山，一说起要到那里去，我们团队的人就心里直打鼓，很多人开车到半路上就吐得胃里翻江倒海。不过，再难也要去拓展业务，于是渔门镇上有美容院需要产品，我总是亲自开车带着团队里的其他人下店做培训。去渔门镇虽然只有两个小时的车程，但山路急弯太多，我一路开，胃里一路翻腾，好不容易到了终点，都得先吐半天才能缓过来。

我们每天都奔波在路上，什么事情都有可能发生，遇到最多的突发事件要属爆胎了。每当汽车因为爆胎抛锚在前不着村后不着店的地方时，我就下车自己换轮胎。那一刻，我根本想不到自己是个女人，一心只想着把车修好，去为客户服务。

还有一次，我从昆明开车到攀枝花参加会议，车开到半路上，前面一个装水泥的货车突然发生了侧翻，水泥全部都倒在了高速公路上，把路堵上了，所有汽车都无法通行。我一看，这是一个下坡路段，如果不赶紧疏通，恐怕会发生二次事故。于是，我把裙子一提就上去提水泥，都忘记了自己还穿着细细的高跟鞋。旁边有很多男人站在那里看，一开始他们只看不动，后来也都被带动了，和我一起把散落一地的水泥袋子搬到了公路边上，清理出一条车道来通车。

山高路远止不住我们前行的脚步，艰难困苦抵不过我们无畏的斗志，就这样，我的团队越来越壮大，我的业绩也屡屡攀上高峰。

创业是认识自己的最好方式。

在经历一次次勇敢蜕变之后，我终于能坦然面对自己的渺小和不足。这时，回头看看，跟原来的自己相比，我已经成为更好的自己。而那些艰辛的努力与付出，在将来都会变成一种沉淀，变为成功的资本。

渡过了创业初期的难关，五年时间从单枪匹马闯天下到成为整个项目在西南片区的市场总监，我带出了一支"个个都是行家里手，人人争当销售明星"的营销团队。每个月，我们团队的业绩都是一马当先、无人匹敌的。我抱着"十年磨一剑"的心态来面对挑战，一步一个脚印地走了每个创业人必经的道路。我明白了创业就是努力到无能为力，奋斗到感动自己。同时，我也实现了自己想要成为一名手艺人，并用这双手闯出一片天的初心。

这时候，我双手创造出来的美丽事业，让我拥有了在当时活得有希望、有目标、有动力的生存优势。也因此，美业成为我这一辈子都不会离开的行业，给我的生命里浇筑了一份信仰。

　　凭借优秀的个人能力，我亲自规划经营的美容院达到了上百家，我会为合作伙伴提供全方位的帮助，包括选址、店面布局设计、招聘美容师、培训美容师、量身定做开业计划等，也先后被多家品牌聘请为营销总监。而美容行业在此时也进入井喷式发展的时代。开始创业时，业绩是我最大的目标，活下来靠的就是业绩，靠的就是市场，业绩越大就能体现我们活着的价值，市场越大就越能体现我们活下来能辐射的范围。然而，随着业绩越来越好，市场也越做越大，我的心里却感觉越来越不踏实了。当利益变成了最大化时，我们的初心就会被利益所蒙蔽，我们服务对象的利益就会被忽视。

　　从 2002 年到如今，创业的这十几年中，我交出了一份令自己满意的成绩单。然而，随着创业资本的累积，加之在美丽事业中经历和看到的一切，我的思想也开始发生了改变，我开始思考什么是企业的客户价值与社会责任问题。

　　对于客户价值，如何能够在拥有利益的同时，又不被利益所奴役？如何在拥有利益时不忘初心，把客户价值放在首位，平衡好利益这把双刃剑？

　　对于社会价值，如何能够更好地承担社会责任，将行业中的乱象拨乱反正？以及如何让美业中的企业，拥有持续激活自身潜能和自我纠偏的能力，将自我价值和品牌价值最大化？

　　回到自己的内心，我开始自问自答，自我反思。

相信相信的力量。

我回忆起小时候生活困苦，撑起一个家时的顽强生存力。它让我拥有了创业初始，让企业活下来的坚定的生存信念，教会了我相信相信的力量。因为相信，它会指引我不断向前。因为相信，它给予我的精神世界一份支持和陪伴，让我不再孤独。因为相信，我知道生活的现实可以被我创造。因为相信，我学会了面对困苦，面对生活本来的样子。因为生活一定是有苦才有甜的，只有苦甜参半的生活才是最真实的。真真实实地面对、真真切切地体验、真真正正地相信！相信一切都会越来越好，也相信我自己能够让企业走向辉煌，应当是我和我的团队在美丽这份事业中对自己、对行业所应有的态度。

改变改变命运的力量。

我回忆起成长的痛苦，从养活自己和进入美容院乃至于之后自己创业，它让我拥有了建立自己美容院团队的那份创造力。这时候的痛苦教会了我勇敢的力量和不抱怨的心态。今天的美业无论是什么样都是过去累积下来的，未来的美业是什么样也都是每一个今天所创造的。勇敢地面对真相，带着不抱怨的心态去改变现实，我们就会一直自我突破，一直保持创造性，用行动来改变，拥有改变的力量。而勇敢会让改变的力量更强大，让我在痛苦面前，能够善待痛苦、经历痛苦，把痛苦当作生命宝贵的财富，去吸收、去成长。因为痛苦的背后就是成长，尝过人生的痛苦，我们才懂得慈悲和善良，才懂得珍惜和感恩。与痛苦为善，便能与人为善；与痛苦为伍，便能与人为伍！勇敢地相信美业会越来越好，也相信自己拥有的改变能力可以为美业带来希望，应当是我此时此刻在面对行业现状时所应保持的心态。

我回忆起创业的艰辛，那种只问付出不问回报的日子所带给我的信念，它就像我如今看到行业乱象时有着强烈想要改变、想要拯救的想法一样。有了信念，我感觉我有了万事在我面前都不是事的持续动力。有了信念，我感到自己带有一种使命感。一个人的时候，它就是我勇敢的陪伴者；一群人的时候，它就是我们共同信念的支持者。它能增强我勇敢的力量，它能更坚定我相信的信心。我的身躯并不伟岸，但我的双手却有创造的力量、我的双肩有着承担的力量、我的双脚有着不停前进的力量。我愿意用一种信念、带着一份使命勇敢地去肩负起一份责任，因为我有梦想，并渴望实现它。我愿意用我的真和善来成就我的事业，面对困苦和痛苦，带着一群人、一条心坚定不移地走下去，因为我有义务，并责无旁贷，因为我有追求，并向往极致。

对于带我走上美丽事业的贵人，我始终心存感恩，因此在美业道路上打拼时，面对每个机会我也倍加珍惜。我告诉自己，想要让自己能够承担起美业拨乱反正的义务和责任，我就要敢于向自己发出挑战；想要让美业中的企业，拥有持续激活自身潜能和自我纠偏的能力，将自我价值和品牌价值最大化，我就要永远走在队伍的前面，带着开拓者的自我觉悟，不断在美丽事业这条路上提升自己的心性和磨砺自己的人格。正如我的恩师杨新明老师说的那句话一样："把岗位当公司，把职业当事业，把事业当使命，把使命当生命"。如果我这么想并且想要这么干，那么，美丽事业就是我的一场自我修行！

当我的自我探索，在内心生出力量时，我的心田因为这份事业而获得了耕耘，由内而外生出了一种信仰，想要用使命感驱动自己创造更伟大的事业。

直到 2017 年，在众人的期盼下，经过一番紧锣密鼓的计划与安排，云南双尚科技有限公司正式挂牌成立。双尚科技是我用双手创造出来的美丽事业，也是我生命里一辈子要浇筑心血的事业。从成立那一天开始，我和我的团队就初心不改，使命不渝，壮志满怀，砥砺前行，它令我从一个普通的农村女孩成为众人眼中的女神，这是众人对我成就的认可，但团队越大、事业越大，责任就越大。这时候，我不再满足于外在对我过去的成就的肯定，而想要投入更多的时间和精力在产品和服务上专心致志、精益求精；在思想和高度上不断求索、自我探索，使企业拥有基业长青的生存优势，为这个行业树立行业标杆，改写行业历史。

于是，我回到了美丽本身来重新审视这个行业看待美的眼光。美，首先是一种具有很高价值的事物。放眼整个生物界，美都是一种优良基因。植物会利用美丽的花朵、芳香的气味以及甘甜的花蜜来吸引昆虫帮自己授粉。动物也会利用鲜艳的颜色、悦耳的声音、优美的舞姿来吸引异性，获得"爱情"。除此之外，有些鸟类甚至还会通过捡来一些美丽的小石头，搭建漂亮的鸟巢来吸引异性。所以，美丽一定是可以连通万物的，也一定是能够使万物共鸣的。

越是深入的思考，我就越是感觉这种内在美的极致感有些神秘。它有些像艺术，需要靠感觉，又偏偏有些看不见、摸不着、说不清。如果我想要实现这种艺术级别的美，就一定要让它来滋养我，通过滋养的过程，把一种虚无缥缈变成有价值的产品，成就双尚科技的价值和责任。

终于，我发现这种内修的美就藏在我们每个人的生活和生命里。以我自己为例，我用一双手创造了美丽事业，是我生活经历浇灌的内在力量在事业上的体现。这就是每个女人都可以通过生活经历而沉淀出来的自信、勇敢，以及真善美。这一份内修，就是内修心的高尚。

这意味着，我们应当用心并认真经营自己的生命，带来对自我心田的耕耘，并用被生命滋养的内在力量修炼出高尚的品德和信仰，赋予生命更具品质和高贵气质的美。

　　心生出力量，身同步修型。女人在拥有内修心的高尚时，加上对自己整体外在形象的美丽追求，就有了外修身的时尚。

　　内修高尚，外修时尚，这就是美丽内外兼修的价值理念。双尚即双修，而企业的名字也由此得来。"双"是我名字中的一个字；"双"是给我力量开创事业的这双手；"双"更是我希望给每个女人用自己创造世界的双手去创造自己的幸福和圆满。

　　为了让我和我的员工、客户，都成为内外兼修的美丽女人。我们对外建立起了双尚人的标签，对内构成了双尚人的团队。我们的团队就是企业引领、追求和信仰美丽内外兼修理念的守护者。

　　当我们将美丽内外兼修的理念传播给每个女人、传递给整个行业、社会乃至整个人类，我们就与中华文明紧密相连了。

　　生活的经历培养出我内在灵魂的升华。企业是我灵魂的延续，让我拥有了创造美丽事业的力量。追求美是女人的天赋和权利，美丽内外兼修是女人不可或缺的生活智慧。女人只有经营好了自己，才能经营好婚姻，经营好幸福的人生。双尚科技致力于帮助天下女人美丽一身，一生美丽，愿每一位女人都能永葆内外兼修的美丽，成为世上一道亮丽的风景线，主宰自己的幸福人生。

美丽，缔造一群人的事业

马云说过："中国人的脑袋不比别人差。如果我们是好的团队，知道自己想做什么，我们可以一当十。企业做大，不一定快乐；做小，不一定幸福。关键在于一定要想明白，你有什么？你要什么？你能放弃什么？"

美丽的事业千千万，唯有教育恒久远。我们的杨新明老师对于事业是这么说的："把岗位当公司，把职业当事业，把事业当使命，把使命当生命。"这就意味着，选择一份事业是一辈子的事。要么不做，要做就要做到最好，做到生命的终结。双尚科技的事业凝聚了双尚一群人的梦，我们就要一起共筑梦想，一起实现梦想。

对于这份事业，有共同信念的伙伴经常会和我表白要跟随我一辈子。有个名字叫曾勋月的伙伴给我写了这样一份"情书"。

曾几何时我无数次梦想自己的未来，在心中谱写人生中最美的那束光环；曾几何时，我无数次地感叹自己的人生，在人世苍茫谁主沉浮中苦寻自己的目标。

一个外行的我，由于自己想变漂亮，于是和朋友一起开了自己的美容院。想象是美好的，但现实是残酷的。美容院经营下来，我身心疲惫，两眼迷茫，举步维艰。就在这个时候，我非常幸运走进了双尚这个温暖的大家庭，结识了双总这位智慧而大爱的家长。

和双尚第一次近距离接触，是在去年的4月份，我去参加昆明一天半的会议。当时，看着会场那些近似疯狂的女人，我无动于衷。我觉得她们就像是"托儿"。可是当我参加第二次大理一天半会议的时候，我发现之前我认识的老板娘身材又好了许多，人也更精神，更漂亮了。于是我开始相信，开始融入，同时也开启了我的另一段人生历程……

每一次的跟随学习，每一位家人上台分享，我听到最多的就是感谢双总。于是我很好奇，非常想知道这个身材娇小温柔的小女子，究竟有啥过人之处，会有这么多的人崇拜她，感激她。

通过将近一年的认识和了解，我也开始了对她的崇拜。我们的双总，非常睿智，知道怎样来引领当前乱糟糟的美业。她创办的培训系统，不但能让我们学到丰富的知识，还提高了我们的能力。

她用智慧和魄力彻底征服了我，同时她的和蔼可亲又让我觉得她就是我们身边善解人意的大姐。无论我们在会场，还是在挥汗如雨的训练营，她总是很细心地给我们无微不至的关爱，一点一滴都让你感动。

就这样，我被深深吸引住了，进入了公司，跟随学习，跟双总接触的机会也越来越多。从此，双总身上的点点滴滴，都深深吸引着我。连她脸上的每一个微笑，都是那么的温柔，充满着自信。在双总身上，总是充满着满满的正能量，你根本就看不到什么是怯懦，什么是懈怠。她超强的行动力和执行力，能够感染你激情四射地去行动，义无反顾地去执行！

她是一个公司老总，但你永远看到的是一位母亲对待孩子的付出和谆谆教导。她总是教导我们，不要去在意别人的指指点点，做好自己，相信自己是最棒的。

在这个大家庭中，双总一直教导我们要团结共赢。她所做到的和让我们看到的，永远是"一群人、一件事、一条心、一辈子、一起拼、一定赢。"

在企业发展的过程中，经历过很多曲折。在困难面前，双总带领着我们这群老师一起面对，一起帮我们解决问题。如今企业不断地发展壮大，无论在销售额还是市场占有率上，都创造出了前所未有的业绩。在今天激烈的市场竞争中，我们的双总又带着我们这一群老师，这一群相信她的合作伙伴，一起树立起行业的标杆，改写行业的历史。

能够跟随这样智慧的领导人，我相信自己一定会实现心目中的梦想，一定会让自己成为家族中的骄傲。

双尚，我会跟随你一辈子，我会跟你到老，天长地久！有了你这盏明灯，我的生活才不会迷茫，我的人生才不会迷失方向。

看完这份表白，我深深地感受到一份事业的成就，靠的不是一个人，而是一群人。企业的发展，每一步走过来都是团队伙伴们高度凝聚力和战斗力的成果。我的内心既振奋又感恩。

我看到所有人在这份事业里，投入的专注度、热爱度和不求回报的付出，只为了让客户知道，原来他们也可以如此美丽、如此璀璨；我看到他们不为感谢的给予，尽情燃烧青春、释放热能、用泪水和感动化成指尖灵动的舞动，只为给客户提供最优质的服务；我看到他们始终坚守岗位，即使节假日都勇往直前、无怨无悔在外疲劳奔波，把内心对家的渴望化成独立和坚强的动力，只为承担对客户美丽蜕变和对自己梦想实现的责任。

他们总说是企业带给了他们激情和动力，但其实他们也是这份激情的创造者。这是来自我们商学院吴忠勇老师的分享——一个退役军人与企业的故事。

　　自从进入企业，只要有双尚人的地方都是充满激情的，饱含热情的家人时时刻刻对工作和生活都充满积极向上的活力。我自退役后到地方上工作，一直期待着能找到适合自己的工作并从中找到更好的生活方式，所以，无论什么工作我都愿意去试一试，渴望能够加入一个有激情、有活力的团队，就像曾经在部队上一样，无论做什么事情都有像狼一样的战斗力，充满正能量。因为我觉得人活着就必须要有激情，如果一个人没有激情就会丧失斗志，人生也将变得没有意义。所以，激情和斗志是人不可或缺的。

　　激情带来的奇迹，让进入双尚的我感受到了至少三种改变。

　　第一，在这个充满激情和活力的和谐氛围中，我与家人的交流出乎意料地顺畅，没有过多的恐惧和紧张感。

　　第二，老师们的激情和热情感染和激励着我，把我转化成了工作中的"斗牛士"。

　　第三，在这个富有活力的双尚之家，充满能量的团队，我们最尊敬的双总和各市场老师们满满的激情斗志无时无刻不感染着我，也点燃了我，身在其中的我感到前所未有的畅快。

　　曾经的一个夜晚，我迟迟不能入睡，反复思考着自己是否满意现在碌碌无为的生活和工作，突然想到双总在给老师们开会时说的一句话——"无论你做任何事情一定要激情满满，没有激情的人做任何事情都将无法得到理想的结果。"我幡然醒悟，麻木和懒惰差点把我的人生和理想毁掉，我必须改变现状，我决定重新拾起曾经的激情，重新开始人生的事业。那一夜的沉思成了我人生的重要转折点。

第二天清晨，我打了第一个电话和客户谈项目合作，新的尝试让我兴奋异常，在电话里交谈时我感觉自己充满了热情，这份热情正是在双总的引导和感染下产生的。我策划的这一场"战斗"般的谈话，令接电话的客户非常意外并且感兴趣。我热情地介绍，也让客户听得津津有味，丝毫没有要打断我的意思。

接下来与客户面谈之后，我拿下了我的第一个项目合作，这名客户——多乐士南站区项目经理李生，成了我的第一个材料商合伙人。我们在这次合作里建立了深厚的友谊，他也成为我最有力的支持者。这仅仅是个精彩的开端，从那以后我开始真正懂得激情可以带来很多改变，也可以创造奇迹，今后我将在双尚商学院用激情尽情绽放自我。

我坚信，激情是成功路上的法宝，想要成功激情必不可少，人活着就应该每天充满斗志，充满激情，这样的人生才会多姿多彩。

每一份激情，都源于对事业的热爱。把专注当钉子，聚焦于事业所在的领域，即使今天我们企业的规模还不大，也能因为专心致志而形成自己事业的绝对优势，占据一定的市场份额，达到企业的利润率，活得很滋润。

热爱便会专注，专注才能长久，事业才会持久。

每个伙伴都是钉在这份事业版图上的图钉，持续、重复地敲打图钉，将全身所有力气都集中穿透至图钉的尖端，就能在这块事业版图上扎下深刻的印记，打下牢固的根基，拥有被市场认可的产品和事业价值。

这是专注的力量，也是重复的力量。

马云说过："中国人的脑袋不比别人差。如果我们是好的团队，知道自己想做什么，我们可以一当十。企业做大，不一定快乐；做小，不一定幸福。关键在于一定要想明白，你有什么？你要什么？你能放弃什么？"

专注也是一种取舍。做对的事情，我们才会尽自己最大的努力，充分发挥能动性。热爱自己的工作，带着热情去参与，这份工作才能带给你快乐、发展和财富，你也能够全身心地投入其中，把职业当事业。

企业成立同时我们就打造出了"修身管家"身材抗衰品牌。在每一款产品打造的过程中，从原料到成品都会经历一场品质马拉松。并且，为了忠实客户需求，我们在推出每个产品之前，都会进行市场调查，了解客户的真实需求。

为了把产品做好，从产品策划、科技调研、产品立项到产品设计、材料选择、产品制造、产品试用等各个环节，双尚都会有专业人员进行跟进。每道工序、每个细节都用心打磨，并严格按照最高标准实施。我们把职业当事业，也当作是对自己的修炼，不断磨炼提升修身管家的系列产品，不浮不殆、不急不躁、追求完美，努力把每套产品都做到尽善尽美，把每个系列都打造成精品系列。因此，所有使用过我们产品的客户，都由衷地感慨："每个女人都应该拥有我们的产品！"而作为品牌产品的缔造者，我最高兴的时候，就是看到客户站在舞台上，尽情展示女性身体魅力与生活态度，倾听她们分享自己的改变和收获。

我们不仅对待自己的产品做到了专注，也希望带领我们的客户学会专注于自己选择的产品。

经常走市场的业务人员应当都知道，美容院变换产品或品牌太快，有些美容院经营者最擅长的能力不是经营，而是跟风。今天超声刀非常流行，就会马上引进到自己的店里，大张旗鼓地宣传，甚至投入很多资金马上培训、开展活动营销。但是半年后，新鲜感过去了，客户不再热衷了，他们就不再重视这个产品，又把视线转移到了新的产品中去，把之前的模式再来一次，循环往复。久而久之，客户就会对美容院产生一种常换常新的感觉，而每更换一次项目，就意味着一次消费的增加，客户的信任度也会因此丧失。当我看到市场这样的现象时，我会告诉每个双尚人，也告诉每个客户，成功的事业是靠市场需求成就的，但我们满足市场的能力要靠专注来获得。投入了专注度，我们才会有自信度，我们的事业才会有持久度。

同时，事业的持久度也需要塑造正确的事业价值观和锻造事业心。

2018 年初，我们举办了一场《共创双尚伟业》铸就民族品牌的大会，这是企业发展过程中一个重要里程碑。我们和全国各地的 498 位美业精英一同激发内心的"小宇宙"，实现自身的蜕变，在铸就自己梦想的过程中重新树立了对于美丽这份事业的正确思想观念和事业理念。那就是杨新明老师说的，"对事要快，对人要慢；对大事要慢，对小事要快；把左脑的批判力、阻抗力、执行力的思维，转换为右脑创造力、情感力、行动力的思维；从'要我做'，变成'我要做'。"

老师在课上的传道授业解惑，让我们从此在做事业的时候，对于同事的调侃、朋友的冷嘲、家人的反对……都能一笑而过。同时，我们也更加理解了，只有被打击的梦想，才有被实现的价值和意义。带着这样的信念，我们重新在自己的内心播种对这份事业的坚定之心，愿意勇往直前、义无反顾地去做。与此同时，我们也在现场的"成人礼"中，完成了自己人生中与父母、家人之间对于抱怨、嗔恨的化解，对于责任、义务的承担，对于养育、成长的感恩。

这场"成人礼"是我们来到这个世界后从未有过对自己的疗愈和修复。因为外界的浮躁，我们离自己的心太远太远了；因为生活的忙碌，我们与自己的心缺少交流；因为社会的压力，我们从不愿对任何人敞开自己的心，对自己也如此。当心远离自己的时候，我们就像一个无心的躯壳在这个世界上存在，而一个无心的人，是永远无法成就自己、帮助他人，拥有实现梦想，创立伟大事业能力的。

所以，我非常开心伙伴们能有这么一次与自己的心交流，与家人心与心的交流机会。因为我们看见自己的心，便懂得了即使在时间流逝中，我们已经有了遗憾，却不能阻挡我们作为一个特殊而独立个体存在，也不能阻挡我们背起自己的背包，勇敢地和父母告别，承担自己的责任。当我们走上生命重启的道路，回到当下自己的位置，走上为自己的人生和事业而奋斗终生的旅程时，我们会发现，卸下负担轻装上阵，创造自己生命和事业的辉煌，才是对遗憾以及父母家人们最有价值的回报。

双尚人彼此都成了心相连的家人，我也准备了这样一封信——《写给远在天堂的妈妈》。在信中我这么写道：

亲爱的妈妈，您在天堂还好吗？

妈妈，我想您，特别特别地想您！

无论我在哪里，无论我有多少岁，我都是您的女儿，所以我控制不住对妈妈的思念。

时间过得飞快，一转眼您已经离开我们24年了。我亲爱的妈妈，您不在女儿身边这些年，女儿的生活里有快乐、有辛酸，也有很多不容易。

当我工作不顺心的时候，我想要是妈妈在我身边多好呀……

当我面对择偶结婚时，我想我未来的幸福要能得到妈妈的指点及忠告该有多好呀……

当我孕育小生命时，要是宝宝的外婆能来传授育儿经验多好呀……

当我第一次创业时，要是有妈妈来给一些支持及关心得有多好呀……

可惜一切都是梦想，我就更想念妈妈。

妈妈，我亲爱的妈妈，我深知您受了常人受不了的病痛折磨，是您用坚强不屈的精神与病魔作斗争，给我们从小树立了榜样，是您用身体换回来我的性命，妈妈，没有勇敢坚强的妈妈就没有我的今天，我要祝福亲爱的妈妈您在天堂一定要安好，想您！亲爱的妈妈！

我一定会传承妈妈身上坚韧不拔的精神，吃苦耐劳的品质，积极乐观的生活态度，更加传递了您的爱与善良。妈妈，您是我最崇拜的老师，女儿为此生能做您的女儿，感到骄傲与自信！

　　此致

　　敬礼

女儿 刘双琼

2018 年 1 月 22 日

　　当信读完后，我感到一种从未有过的轻松。释放了这些，我就可以轻装上阵，面对我创立的这份事业，倾注此生所有的精力甚至于奉献生命。这种从内心生出的力量，让我在分享之后感到自己强大无比，而家人们纷纷走上前来簇拥着我，给我的温暖拥抱，也让我收获到了更巨大的支撑能量。这份事业，我不再是为了我自己，而是为了她们，这是必须用心并始终如一坚守下去的生命事业。

　　杨新明老师说："所有的企业都会倒闭，而企业家的作用就是延迟企业倒闭的时间。"而如何延迟？就是要我们用心来呵护。想要有这份心，我们必须找到自己的心，并且能够和他人的心链接彼此呵护才行。我知道，当我们所有的人在现场不顾一切地释放自己、把心敞开的时候，我们的心就已经紧紧相连了，而我们自己的心也在这过程中被自己看见，被他人看见，透明、鲜红、跳动和具有生命力。而这恰恰也是宇宙的生命法则，企业遵循规律的生命法则，事业凝聚人心的生存法则。

所以，经营企业就是在经营生命。生命的规律是由生到死，企业经营规律也是如此。如果生命拥有心的灵魂，那么生命即便死去也只是肉体腐化，而如果企业拥有心的灵魂，就算是企业倒闭了也只是这个实体的倒闭，而企业的品牌信仰还可以被延续，有着重新来过的机会。企业和生命紧密相连，无论生命还是企业，只要灵魂在，心在，生命就可以借助一个肉体投胎换骨，企业也可以借助另一个实体永续经营。

这就是事业心的重要性。我们通过课程找到了它，也找到了企业伙伴们的事业心。

然而，事业心的打造不是一天两天就能够办到的，它需要不断的重复和循环，就像文化知识需要不断重复学习，再通过实践、总结，再学习才能不断深入一样。于是我们和老师达成了"品牌信仰战略"年度合作，共同为企业和团队塑造企业文化，注入事业心。我们在投入精力狠抓业务外，也专门拿出时间学习了"文化铸魂"课程，特别是和企业核心高层一起共同制定落地企业文化，从事业、愿景、使命到价值观，从每一个字词在书写时与心的自问自答，到每一个句子中字词的推敲运用，以及诠释阐明。

　　精神领域和文字是我们并不擅长的，加上我们连轴转的精力消耗，也曾质疑过这件事情真的需要这么做吗？它真的有用吗？甚至于，参加培训的高管也曾有过这种抱怨和不理解。但当我们共同每经历一次内心的冲击时，我们就在内心对这份事业进行了一次次的自我确认，我们每经历一次这样的内心拷问，也就增加了一次对这份事业内心的坚定。

　　我相信，我和我的核心高层们都感受颇深。我们共同经历企业文化从制订、修改到确认的过程，我们的内心共同被一次次洗礼，当心中的那些质疑和杂念被清除掉的时候，我们所制定出来的企业文化，凝聚了我们生命的力量。这才深深体会到老师说："企业文化从来不是挂在墙上的，而是体现在团队行为举止中的。"

　　这个由我们自己谱写的企业文化精神，让我们与企业紧密相连的同时，也愿意将它传播和传承给每一个人，激发我们心的共鸣，成为对事业坚定的敬畏心。明白我们是谁？我们要做什么？并感召志同道合的人加入企业的大家庭。

　　事业心被放大后，我们的商学院便应运而生。我对每一个伙伴说："你永远都教不会别人连你自己都不会的东西。"我们给自己赋予的事业心就是品牌之魂。美业也应当拥有。

　　我们一起挖掘潜能，从培训潜能到激情潜能。我们一起修行习气，从语言到面部表情、从心态到思想方式、从意识到行为转变。我们激活自己的内在力量和真善美，并把每一个自己的亲身体验都变成了珍贵的、充满能量的课程。

这样从内部凝聚起来的事业心和在行动上打磨、修炼出来的课程，让我们拥有了研发和创造出有效果核心课程的能力，并可以量身打造。现在，我们的潜能挖掘拓展、铁军团队、成长营等都是最受欢迎的课程。喜欢它们的人也都从中获得了个人、团队和企业的内在改变，事业提升，整个团队充满活力。

这一切，都是从无到有的挑战。从沉寂到点燃这份事业心的追求开始，我们不仅共鸣了更多人进入企业成为事业命运共同体，还肩负起提升整个行业事业心的教育重任。

做恒久远的教育事业，就要敢于做思想的引领者、教育者。当有一天我们的商学院成为美业的典范时，我们就能支撑起整个产业链条运转的关键环节，向美业多层次、全方地的迈进，肩负起促进美业教育进步，提升整个行业水平的重任，托起我们的美丽事业，托起美业。

选择美丽事业，就是为自己选择了一个平台。"凡是选择，皆有代价，两倍付出，五倍成长，十倍收获。"双尚承载了无数美丽梦想，也需要用一个更大的舞台来呈现。就在我有了这个想法时，竟然收获了"踏破铁鞋无觅处，得来全不费工夫"的心想事成。

我们把"世界旅游辣妈大赛"引进到了中国，落地在了云南。在美丽梦想拥有舞台时，也拥有了更高的展现平台。

在中国，"世界小姐""环球小姐"大家应当耳熟能详。但是，知道"世界旅游辣妈大赛"的人却屈指可数。其目的是促进各国旅游文化交流，提高各国旅游事业发展，通过对选手严格的筛选及全面的打造，选拔出"自信、独立、时尚、优雅、才貌双全、有爱心、积极向上"的优秀辣妈，同时借助她们的美，将和平、友谊和爱心在整个世界传播和发扬光大。

经过多方了解以及对赛事由来和发展的学习后，我毫不犹豫地促成了这个"天作之合"。

我庆幸，所有的汗水，都有收获；我感恩，所有的努力，都未曾被辜负。但是荣耀过去，双尚人不能停止脚步。我们没有片刻休息，也不沉湎于过去的成就之中，依旧脚踏实地地踏上新征程，朝着未来前进。

一路走来，我最欣慰的是，每位家人都把这份事业当成自己的事业。因此，我领悟到一个道理：企业持续发展的关键，不单在于"怎么做""做什么"，更在于"谁来做"。把员工当下属，员工只会按部就班地完成他的工作。而把员工当成风雨同舟的同路人，当成事业合伙人，给他们权利，给他们责任，给他们收益，给他们未来，他们才会同命运，共拼搏，与企业共成长。

2019 年 5 月 20 日双尚之家剪彩大吉。这是我们为推动品牌发展、助力企业快速提升，投资建设的综合性办公大楼。它不仅展示了企业的高速发展，体现科技创新对企业发展的重要性，更凝聚了我对伙伴们家人一般的爱。

这里是我们自己的家，也是我们心的归属。只要开会，我们的吃住行都可以在这里完成，我们也从此有了更多相处的机会，可以进行更深层次的思维碰撞和情感链接。每当看到伙伴们像回家一样轻松愉快时，每当看到她们在这里经常和我分享说她们最幸福的时候，就是客户在她的帮助下得到了蜕变，不仅满意于我们的产品，还满意于我们的服务，并且连声对她们说"谢谢"的时候。我和她们一样感到快乐和幸福，并更加坚定了彼此对这份事业的信念。

一旦信念借由反馈而不断回传形成良性循环时，整个团队也因此而一条心，因此而凝聚。海阔凭鱼跃，天高任鸟飞。未来，我们仍将专注美丽事业。同时，我也真诚地邀请每一个有梦想、敢拼搏、想成功的人，加入我们的事业中来，与我们这群充满激情、充满梦想的人一起奋斗，在新的时代中绽放最美的芳华，引领未来，创造美好人生！

涓涓细流最终汇成壮阔大海，平凡的脚步也能走出伟大征程。习总书记说过："有梦想、有机会、有奋斗，一切美好的东西都能创造出来。"当我们回首企业发展的过往，这句话正是最好的总结。而展望明天，这句话更令我们信心百倍。这是一个合作共赢的时代，一个资源整合的时代，一个优势互补的时代，能够调集企业内外所有人才的力量，我们就能一起完成非凡的使命，造就大业，创造常人无法想象的事业。

美丽，升华审美才能引领时代

作家冰心也说：这个世界没有了女人，那至少要失去十分之五的真，十分之六的善，十分之七的美。换句话说，这个世界美不美，我们女人承担了70%的责任。这个世界美不美，主要靠我们！

真正的美，都是跨越时代、超越时间的。因此，我们应当带着哲人的思想看待审美。美丽内外兼修是双尚的价值理念，而美丽一个女人、幸福一个家庭、和谐整个社会，就是我们的美丽哲学。它是由美丽延续的幸福家庭、和谐社会的故事。不仅可以跨越时代也能超越时间。于是，我把"美丽一个女人、幸福一个家庭、和谐整个社会"也设定成为企业的愿景。

从业多年，我常常在想，女人的幸福是什么？尤其看到美丽事业中，从业者、客户皆以女性为主。经营一份美丽事业，我又把它延伸到企业责任来看，美丽事业如何给女人幸福？它与美丽之间又有什么关联？

常常和女人打交道，也常常和美丽的女人打交道，我打算就从观察女人美的呈现开始。

观察后，我把女人的美分成了三种类型。

第一种女人是时尚美丽的，很容易就会吸引人们的眼球，当我们从她身边经过时都会有忍不住多看几眼的想法。她是一个拥有"回头率"的女人，是路上亮丽风景线的组成部分，会让人留下美好印象，感到赏心悦目。

第二种女人是跟随潮流，追求美丽的。她们没有找到自己美丽的风格，一味地跟风模仿，把自己打扮得不合时宜，甚至别扭，不仅难以让他人感受到美，还会对自己原本的美有所伤害。

第三种女人是平凡朴素的。我们在与她们擦肩而过的时候，根本就不会注意到她，就更不用说被吸引了。即便是有着点头之间的礼貌对视，也许回过头去，我们就再也无法记起她是谁了。

在三种女人中，拥有时尚美丽的外表，自然是许多女人所向往的。随着物质生活越来越发达，人们追求美的程度也越来越高，想要拥有时尚美丽的外表不是一件难事。通过化妆、发型、服饰及美容技术和手术等方式改变自己的外貌，就可以让自己变得更美丽。正是一种人人对美丽的追逐，以及对美丽无法拒绝的诱惑才催生出了美业产业链。就连我们生活中的方方面面，从使用的物品到舌尖上的美食，我们也都在追求它们的"颜值"。

当每个人都希望自己能够在"美丽"这个选项中获得高分时，美丽就变成了一件花钱就可以买到的商品。我们可以花钱买到漂亮的衣服、高档的化妆品、周到的美容服务甚至整形手术。

但是我认为，如果美丽开始变成一件商品，单靠买卖就可以获得，那或许我们离真正的美丽就越来越远了。

女人在整个人类中占据一半的位置，我们可以撑起半边天，对于美丽就不应当只用花钱的粗暴方式来购买美丽。我们辛苦奋斗、苦心经营，凭借智慧的力量和持久的恒心努力得来的事业，也不能够用花钱、高效的方式来塑造美丽。

我们提倡美丽内外兼修的理念，引领行业。在我们已经不再被温饱所困，并且跟随内心驱动和精神追求追逐美丽时，品牌的作用就是用智慧升级审美观，引领一个时代。

人生是一条奔流不息的长河，女人的地位是通过自己的经营、奋斗、恒心和智慧获得的。所以，女人的美丽，要放在岁月中不断雕琢和洗礼，才能够让我们遇见最美丽的自己。

我想起了一位已故的客户。她生前是一个家庭主妇，有两个孩子，丈夫是做工程的，工作非常繁忙，所以照顾家庭的责任全都压到了她的肩上。为了孩子和家务，她每天忙忙碌碌，没有时间关注自己的形象，也没有时间关注自己的身体健康。一次护肤时和我聊起家常，她把我当作了知心人，在做护理让自己自信和美丽的同时，也有了一个倾诉的地方。

其实，很多走入美容院的女人都会有这样的情况。起初是为了让自己收获美丽，收获自信，但如果遇到了心仪的美容师或者服务者，美容机构除了能够给她带来有效果的项目以外，还给予她们内心的归属感，让她们找到了一种安全感，这才是她们愿意常来的根本原因。当这种价值感注入一个女人的内心和生命中时，她自然就会开始关注自己的外形、容颜和健康。这种改变的意愿，会比我们和她们说干了口水都来得强烈。

我在这位客户身上也深深感受到了这种心情。然而，我发现她每次来做护理都会说自己胃不舒服、肚子疼。不知道是自己的职业习惯带来的直觉还是什么，我便劝她去医院检查。她说她也去检查过，但医生们的说法各不相同。有的说是胃病，有的说是妇科病引起的。时间长了，不仅胃痛的问题没有解决，反而身体因为治疗变得越来越差。她托着这样的身体过了半年，直到有天我见到她时，她满脸憔悴，嘴唇发白，精神状态非常差。我尝试用手诊的方式为她检查，发现她身体肝脏的位置有些硬，于是我建议她去医院，明确让她去检查肝脏部位的问题。

这一去，她竟然被查出是肝癌晚期。

　　一个女人，为了家庭、事业劳心劳力，身体发生不适得不到及时的确诊，身边的家人又未曾顾及，反而被我们发现，并提醒、帮助她们找到问题，这在美业是常见的现象。因为美业属于服务行业，我们面对的更多都是亚健康人群。亚健康人群没有到疾病的范围，医院检查指标会显示正常，但身体不适的感觉和状态却无法消除。这时，有些人可能选择忍耐到疾病再去医院治疗，有些人会选择到美容院调理。我们应当知道，身体的问题往往来源于心。美容院除了能够提供专业的项目，还能在精神上给予心的呵护。

　　我想，这位客户对我的信任便是因为她在我这里获得了心的关注和呵护以及专业的健康调理。只是，我们相遇得太晚，相知得太短，我感到给予她的帮助太少。当她查出自己是肝癌晚期时，只过了短短三个月的时间便离开了。

　　我还记得，当她拿到病情的诊断结果时便崩溃得失去了活着的意愿。她内心失去了支撑她活下去的力量，她在行动上就开始对治疗不配合。离开后，她留下了两个无人关怀的孩子。她的丈夫在她离去不久，也重新组建了家庭。

　　我在这个客户身上看到了女人为家庭付出的可怜，然而我们常说可怜之人也有可悲之处。而她的悲就在于忽略了自己也是一个独立的个体，也是一个独立的存在。当她把自己生命和活着的意义和价值建立在了孩子身上乃至于丈夫身上时，就丧失了对自己的关注和塑造。这个客户代表的是千千万万个女性和母亲的伟大，但并不是我想要塑造的美丽女人伟大的形象。美丽的女人可以给予丈夫、孩子、家庭无条件的爱，然而却一定不是以牺牲自己生命为代价的付出。

这是一个美丽女人的悲剧，我希望它不要再重演。我告诉自己，只要我的客户里还有为了家庭、为了事业等不关爱自己、关照身体健康、爱护生命的人，就是美丽内外兼修理念没有传播到位的表现，也是我的美丽事业还没有成功的象征，更是我的生命价值没有实现的体现。因为爱自己，关照自己身体的健康也是一种内修。

由此，我感受到升华审美观，重新定义美丽哲学，塑造一个美丽内外兼修的女人至关重要。这个客户的故事，让我看到女人的美丽，它不仅关系到自己的生命，也会影响下一代的生命；它不仅会失去自己的幸福，也让下一代的幸福因此不完整。所以，美丽一个女人，一定与家庭有关。

但美丽哲学作为审美观要引领时代，我就一定要有跨时代、超越时间的哲学信仰。这份哲学信仰，应当成为我们的品牌信仰。拥有了它，我们在遭遇黑暗、磨难和挫折时，可以激发我们战胜恐惧的力量，带着意志力，持续实现终极梦想；拥有了它，我们在生存遭受考验和障碍时，可以激活我们思考的能力，拥有生存的信念，坚定我们梦想的基石；总之，引领时代的美丽哲学，对企业品牌有着主宰"生死存亡"的作用。

我们企业品牌引领时代的美丽哲学，必须朝着最高维度的精神领域升华，并用其来指引我们的愿景、使命和价值观，增强我们驾驭财富物质世界的能力。而美丽内外兼修的理念也会因此而收获无限的内在力量，令企业生命拥有无限的可能和持续的动力。

我想我仍然要回到我的客户中去寻找美丽哲学的身影所在，我相信它一定就藏身其中。

我们有一个外号曾叫"小胖""小地雷"的女客户。对于自己的易胖体质，她责备过妈妈的遗传，甚至和老公出门，都常被人当成是老公的长辈。她尝试过各种减肥的方法最终都以失败告终，令她身心俱疲。肥胖让她始终面临内心的煎熬和家庭的危机。

她偶然间见到了一年多没有见面的胖姐妹居然变成纤纤细腰、身姿曼妙的样子，仿佛看见了希望。于是，抱着试一试的心态，与我们结缘了。才半个月的时候，她明显感觉背在变薄，"富贵包"在变小，胸在变圆润，肚子也在一点点下去。

当她感到惊讶的时候，也有了从未有过的信心，决定坚持。最后，她整个形象发生了翻天覆地地改变，她感到自己犹如重生一样的身轻如燕，她的亲戚朋友都在惊讶，她的老公、孩子、婆婆都对她的"焕然一新"感到欣喜。她通过外在形象重新点燃了自己，带来了工作、家庭上质的飞跃。而外在形象的打造给了她第二次生命的同时，与之配合的还是她收获到的内心自信给予的持续改变的力量。因为内与外兼修的共同配合，才有了她最终能够两次参加"世界旅游辣妈大赛"，带着优雅、独立、自信和时尚走上舞台展示自己。

在这个客户身上，我看到了一个女人美丽之后，在事业、家庭、人生上收获的希望，内心充满了一种幸福感。而这种幸福感应当在我们的美丽哲学中蕴藏。所以，美丽一个女人，一定与幸福有关。

我还有一个客户，她是半全职家庭主妇。说她半全职，是她在照顾孩子的同时，也做一些简单的财务工作。她的丈夫经营着一家公司，事业做得风生水起。看起来，她有自己的事业，虽然不大，但是也算是有所寄托，同时还能够照顾好孩子和家庭，是多数女人羡慕的家庭状态。

但是，丈夫因为事业的缘故，在外应酬的时间非常多。但凡看到丈夫接听或者收到女性打来、发来的信息，女人天生的警觉性就让她终日活在紧张中，这种紧张的氛围一旦带进了平日生活里，吵架、矛盾就会变得稀疏平常。

虽然说，每段婚姻里都会有 100 次离婚的念头，50 次掐死对方的冲动，即便他们过去有着外人看好的婚姻状态。但是再好的感情，也经不起长年累月的琐碎和唠叨，更不用说吵架了。当两个人把感情吵得越来越淡，双方也都无法再提起爱对方的意愿，甚至于难以改变自己的时候，这段婚姻走向结束，是最自然不过的事情。她离婚了。

离婚后，她一直沉浸在痛苦之中，整个人都萎靡不振，但是要强的性格让她又不愿和身边的朋友说起。所幸，她把我当成倾吐的对象。她对我敞开心扉，说起自己的这些痛苦的经历。一个人如果愿意把自己的内心最弱的一面呈现在别人的面前，本身就是改变意愿的开始。当改变的意愿发生时，只需要给予她一个正确的价值观导向，我们的心就会自己慢慢修复，然后找到方法去改变自己，成为更好的自己。

我向她分享了我的美丽内外兼修理念。她恍然大悟，感到自己过去太不注重形象了，觉得嫁人了，生活应当节省，就把钱全部攒了起来，结果却把自己活成"黄脸婆"，在丢掉自己的同时也丢掉了丈夫，丢掉了家庭。意识到问题后，她一边调整心态，一边改变形象，从内到外的塑造和改变自己，先从服装搭配、化妆美容开始到生活习惯上的改变，接着还培养了一些兴趣爱好。当外在获得了改变，内在得以填充时，她整个人散发出了自然的美丽与自信。这样的青春活力，不久就把她的老公吸引了过来。她的老公不仅被她的外在吸引，有了重新认识她的兴趣，同时也被她的内在所打动，重新开始追求她。经过一年半的磨合之后，她们不仅复婚了，还又生了一个可爱的宝宝。

显然，对于很多从婚姻中走出来的女人，得到像她这样的结局是再圆满不过的。我们不一定会和她走一样的婚姻路线，但我们都可以和她一样选择走上改变的道路。她在美丽内外兼修理念的影响下，吸引来了她的前夫。而我们也都可以在美丽内外兼修理念的影响下，通过自己的践行，吸引到我们的真命天子，共筑爱巢，共享幸福人生。所以，美丽一个女人，可以幸福一个家庭。

最后再说一个客户。这个客户与我们结识的时候已经71岁了。我们万不会想到，71岁时候的自己，71岁的女性会是什么样子？你可能以为是老态龙钟，你可能以为是从身材到容颜都体态臃肿、布满皱纹，你还可能以为是淹没在广场舞中的大妈样子。无论你如何以为，这位客户都可以颠覆你固有的思想，带给你不一样的人生状态。

准确来说，这位71岁的客户最初和大众印象里的大妈差不多。但如今她是"世界旅游辣妈大赛"的参赛选手，不仅是她本人，她的老伴也跟随一起在大赛的节目表演中配合演出，这番夫唱妇随的表演给我们在座的参赛者和观众当众撒了个赤裸裸的"狗粮"。这种对于美不限年龄的追求，赛后当媒体采访她时，她脸上洋溢着幸福的笑容说："当我体重减轻，也变得更自信的时候，我来参加世界旅游辣妈大赛，就是想给中国女性和孩子竖立一个好榜样。我想告诉跟我一样的同龄人不要放弃自己，美丽是从来不受年龄限制的，即便是如今我已经71岁的古稀之年，还依然可以绽放美丽。"而在采访她的老伴为什么也来支持她，并与她同台表演时，她的老伴说："我是一个退伍军人，以前没有太多时间陪伴在老伴身边，现在有时间了，就想着有机会就多弥补一些，让她多高兴高兴，所以她来参加这个世界旅游辣妈大赛，我非常支持。我就拿起二胡为她伴奏以行动来支持她。现在，看到她的改变，还有她高兴，我自己也打心里高兴。"

这位客户不仅说到也做到了。她的闺蜜在她的影响下也一同来参赛。在她的身上，我看到了美丽不仅是收获外在蜕变后的身材，更是从内到外难以抵挡的魅力。当魅力的风情变成能量散发出去时，和老伴一起上台表演，可能在表演之前还有许许多多亲密陪伴相处、排练的日子，当她们可以回到年轻时的爱恋时光，我感觉是一种从未迟到的幸福。如果说，过去的幸福是相伴，如今的幸福就是相守。

家是最小的国，国是最大的家。男人和女人构成家庭，千万家庭组成了这个国家。如果美丽一个女人，能够让一个家庭呈现出这种和谐的画面，那么美丽事业所打造的千万女人，就能够让千万的家庭拥有和谐，从而带来社会和谐。所以，美丽一个女人，可以和谐整个社会。

其实这些案例，在我们的客户中有非常多。只要听到团队伙伴和我分享，我就会在其中寻找美丽哲学的身影。

就在我感觉美丽哲学就要呼之欲出时，我认为它还得拥有文化底蕴。也就是"美丽哲学"应从哪里起源？

作为中国人，我认为引领时代的美丽哲学，必须传承中国五千年的华夏文明，民族文化。

在《周易》中也有一句话是："天行健，君子以自强不息；地势坤，君子以厚德载物。"前者是男人的责任，后者是女人的责任。

男人要承担这样的责任，就要尊重和爱护女性，无论你家里的女人现在是什么样子，她都是把青春最好的年华奉献给了你，并让你的血脉得以延续的人。家以外的女人，她们即便风华绝代，即便优雅风韵，也都会有如家中女人一般的时候，也许一时的痛快能够让你缓解事业、社会带给你的压力，但是也会一失足成千古恨，给你自己带来无法挽回的遗憾。

女人要缔造生命和和谐家庭关系，就需要拥有智慧。用生命的真情和抚育生命的大爱来滋养自己的生命，养育他人的生命，成为内外兼修的美丽女人。用杨新明老师的话来说，就是"男人坐稳金刚台，女人不离莲花座。"

双尚科技的美丽哲学一定是对华夏文明的文化延伸。这样才能够称之为哲学，引领我们精神层面的信仰，成为企业的愿景。

回看藏身于客户之中的美丽哲学，再思考美丽哲学应具有的文化延伸。无疑都告诉我们，美丽一个女人，对家庭和社会的影响。

有这么一段话：如果你的父亲娶错了女人，那么，你的童年将会生活在痛苦之中；如果你娶错了女人，那你的中年也将生活在痛苦之中；如果你的儿子再娶错了女人，你将会在孤独痛苦中了此残生。

这意味着，一个男人决定一个女人一生的命运，而一个女人却能决定一个男人三代的命运。她可以决定上一代人的幸福，这一代人的快乐和下一代人的未来。

作家冰心也说：这个世界没有了女人，那至少要失去十分之五的真，十分之六的善，十分之七的美。换句话说，这个世界美不美，我们女人承担了70%的责任。这个世界美不美，主要靠我们！

这意味着，拥有美丽内外兼修的女人，带来的是美丽整个世界，和谐整个社会的价值。

所以，要带给女人美丽内外兼修的理念，我们的美丽哲学就应该是："美丽一个女人，幸福一个家庭，和谐整个社会"的因果关系。

　　我们的美丽事业，不是单纯靠销售产品做大。而是靠传播美丽内外兼修的理念，弘扬"美丽一个女人，幸福一个家庭，和谐整个社会"的美丽哲学而存在。接下这个接力棒，塑造这个伟大的愿景，我们不仅是这个社会的颜值担当，还能成为这个社会的责任担当。

　　我希望我们能够在"美丽一个女人，幸福一个家庭，和谐整个社会"的美丽哲学下，创造出具有跨时代意义的美丽事业。而每个事业伙伴也能放下已经取得的成绩和傲慢，把美丽哲学铭记于心，沉下心来用行动践行。只要我们从未停止，一直努力，我们就会用这个美丽哲学，让每个女人"美丽一身，一生美丽"！

美丽，催生一个行业

法国文艺复兴时期思想家蒙田说："一个有使命感的生命是人类最伟大的作品。"

一个有使命感的生命，才是这个世界上伟大的作品。一个有使命感的企业，才是民族最有影响力的品牌。双尚是为使命而生的，所以，从诞生那一天起，我们就确立了自己的使命——致力于帮助天下女人美丽一身、一生美丽。

面对眼前这个眼花缭乱的世界，我看到有太多人茫然不知道自己是为什么而活的。其实，人是要有使命感的。使命感，是一个人对自我生命价值的思考。或许，很多人都想过这样的问题：

我为什么来到这个世界？

对这个世界来说，我的价值是什么？

我将要怎样使用我的生命？

如何才能使自己与众不同？

……

一次又一次的探寻，才能够让我们确立自己的生命价值，使我们认识到"我"是有用的，"我"的人生是有意义的。唯有如此，当我们站在人生的十字路口，当我们面对很多生命难题的时候，才能清醒地做出决定，知道自己应该为什么选择，为什么坚持。

但人活着又不仅仅是为了自己，我们还应该有更大的使命感。那么，更大的使命感是什么？是你愿意为自己的家庭，为身边的人，为我们的国家，为整个社会，甚至为全世界做一些真正有意义的事情。

我自己就有这样的体会，我从差点因为胸膜炎而夭折，到辍学回家挥汗如雨干农活，到独自一人漂泊在陌生的城市，再到白手起家创立双尚，我所看到的世界越来越大，思维方式也渐渐转变。这辈子，为自己而活，能活出一个精彩的人生，但是，为他人而活，却能活出一个幸福的人生。

为自己而活，不容易。为他人而活，更不简单。举个例子，2020 年全球因为新型冠状病毒进入了一场没有硝烟的战斗。在"疫情就是命令、防控就是责任"的指示精神下，一线医护人员迅速行动了起来，纷纷递交请战书申请持援武汉，共同抗疫。他们是和平年代保家卫国的逆行者。为什么能够在面对高风险时，甘愿冒着牺牲生命、与家人分离的痛苦，无所畏惧地把自己奉献给人民和国家？就是因为他们有一种使命感。我相信，当他们想到自己正在保家卫国，让生活在这个国家的人们能够更快地战胜病毒，过上其乐融融的幸福生活时，他们的心里一定会感到非常安慰。他们知道，这么做是值得的。他们为他人而活，充满困难却意义非凡！

"一个有使命感的生命是人类最伟大的作品。"这是法国文艺复兴时期思想家蒙田说的。也就是说，如果一个人活着，他有目标、有愿景、有伟大的使命感，那么他的一生必然辉煌。因为一个有使命感的生命，想的是如何为这个世界创造财富，如何帮助那些需要帮助的人，让更多的人因为你的存在而更快乐、更幸福、更富有。当一个人拥有了这样的使命感，他的灵魂就会拥有源源不断的核心动力，他的心里就会充满激情，身上也会有用不完的力量。一个有使命感的人，就会珍惜人生、珍惜生命、珍惜工作、珍惜生活、珍惜一切；相反，如果一个人缺乏使命感，那么他就缺少了做人的内在激情与动力。

那么，什么是使命感？使命感，于个人是对自我生命价值的思考，于企业是品牌在社会存在价值与意义的呈现。它会让我们清楚地知道自己为什么而做，为谁而奋斗。当一个人的使命成为一群人事业的使命时，它是可以激发群体共鸣的，这种共鸣会让我们愿意长时间的为这份事业投入，愿意持之以恒不顾一切地为这份事业付出生命。每一个人来到这个世界上，都是带着自己独一无二的使命而来的，无论从事的是技术还是生产，无论从事科研还是体力劳动，没有卑微的工作，只有卑微的态度。

所以，使命感虽然名曰"使命感"却从来不只是一种感觉，而是一种行动，是借由自己的行动对人生最终使命做的价值确认。

因此，双尚人的骄傲就是因为我们心中有这种神圣的使命感，并将它写成了我们的宣言融入血液。

使命宣言是我们存在的意义，也是我们始终不忘的初心。每个伙伴都要把这个使命宣言内化成为自己生命的一部分，让这份使命宣言深入自己的骨髓、血液，甚至每一根毛发。

有些人在听到我们激情澎湃地喊出这个使命宣言后，被深深的感动。但又非常困惑，他们对我说："老师，您有自己的使命感，我很羡慕。但是，我却被现实困住了，我没有自己的使命。"人们总是以现实为借口，来为自己不能拥有使命而寻找慰藉。其实，每个人来到这个世界上，都是带着独一无二的使命而来的，只是有些人在前进的道路上忘记了自己的使命，于是迷失了自我。

有使命和没有使命，结果相差一万倍。今天，每一位双尚人都很拼，从一个城市奔波到另一个城市去做推广、做宣传、搞活动，几乎成了我们家常便饭。在这个过程中，我们开车在路上要花费四五个小时。为了节约时间，我们通常会用晚上时间来开车。很多时候，夜深了，我们还奔驰在高速公路上，只为了把节省下来的时间去做更有意义的事。从事美容行业十几年了，我们每天的平均睡眠时间大概只有三四个小时。

我们为什么这么拼？因为心中总是有一份使命感在催促我们，在激励我们；为了把正能量传播给更多人，为了把这份事业一直做下去，为了帮助天下女人美丽一身，一生美丽。为此，再苦再累，也是毫不犹豫勇往直前的。

我们都明白，一个人如果没有找到真我，没有发现生命的真相，也依然会生活在煎熬与焦虑之中。当我们看到一个带着炯炯有神的目光，眼珠和眼白清澈透亮，黑白分明的人时，即使他不说话，我们都能透过眼神，接收到他坚定无比的信念，这就是有使命感的人所呈现的精神面貌。反之，有些人整天看上去像没睡醒似的，就是既没有使命感和也没有目标的人。

生命的真相不在于我们得到了什么，而是我们为这个世界创造了什么；生命的幸福也不是我们享受到了什么，得到了多少物质财富，而是我们能成就多少人的梦想。一个人真正的幸福，真正的快乐，就在于找到他自己的使命感，而这个使命感一定是利他的，通过利他，最终才能利己。

我相信，一个人如果是怀着造福社会，利于一切众生的使命感去办企业，他的企业一定会做得非常长久。他完不成目标，他的接班人也会接着去完成，这样薪火相传，就能创造出屹立不倒的品牌信仰。

有人说，一个人的一生有四条命：性命、寿命、生命、使命。平庸的人只有性命和寿命，优秀的人会有性命、寿命和生命，而卓越的人不但有性命、寿命和生命，还有使命。所以，有使命感的生命才能成就不凡的人生。普通人拥有的只是性命，每天满足于吃饱穿暖，每天机械地重复着昨天的故事。

而优秀的人懂得"我们不能决定生命的长度，却能拓宽生命的广度和深度"。因此，他们懂得内外兼修，懂得脚踏实地地去努力，懂得要把提升自己的修养，追求人生的品质，成为人生的赢家——有将来、有自由、家庭幸福。

那些卓越的人之所以成就卓越，就在于他们身上有着高度的责任感和神圣的使命，他们把自己的生命和整个时代连接起来，把自己的人生与很多人的需求和利益联系在一起，从而把自己的事业变成了神业——神圣的事业，用一生的时间去影响他人、帮助他人和成就他人。

双尚人的卓越，也来源于此。我们为使命而生，为使命而奋斗。种下这样的因，我们才会得到更大的果，这个果就是我们的企业越做越大，我们对社会的贡献也越来越大，而带着使命感前行的我们，也得到了极致的成就与幸福感。

我的伙伴们经常说，她们最幸福的时候就是帮助客户得到了蜕变、对她们的服务满意，并还情不自禁对她们说"谢谢"的时候。因为，我们是只为客户美丽而存在的，也是为美丽事业，为实现我们的使命而奋斗的。

我在和客户交流美丽内外兼修理念和美丽哲学时，常常喜欢用一组数字来讲一个现象。这组数字就是20、30和40的故事。它是男人和女人虽为同样的年龄，却不同的生命状态。

先来看看女人的20、30和40岁。

女人二十多岁，在一个青春灿烂的花样年华，这个年龄的女人美丽可爱并且天真烂漫，她们对这个世界充满好奇，也充满探索，无忧无虑的时候，可以有心思把自己按照自己想要的样子打扮，即便是最普通的妆点，也都带着这个年龄的精致。所以，我叫这个年龄的女人为"精装"女人。

女人三十多岁，多数已经开始到了谈婚论嫁的年龄，当女人嫁为人妇要开始为一个家庭和孩子忙碌时，生活的重心就从自己转向了丈夫和孩子，同样的精力和时间，女人被拆分得如碎片一般，好不容易停下来的时候，也无暇再去收拾和打扮自己了。对于展示自己，也往往因为时间不够而失去了欲望，即便是一些还在事业上奋斗的女性，她们比走入家庭的女性多富裕一些时间，可能也把精力投入到了事业的打拼和社交之中，多少少了点女人的味道。所以，无论是居家抑或者职场打拼的女人，多少在女人味上平平无奇，魅力不足。我把这个年龄的女人叫作"平装"女人。

女人四十多岁，经过连年的家庭操劳，身材开始出现走样的现象，对于服装也开始越来越简朴，容貌上选择了素面朝天。如果不注意，很容易就和六七十岁的大妈们成为街头、菜市争相砍价的人。这时的她们，圆润丰满，所以，我把这个年龄的女人称作"桶装"女人。

再来看看男人的 20、30 和 40 岁。

男人二十多岁，还没有建立什么事业，正常情况下多数赚的钱也不多，更缺乏阅历，他们对这个世界的了解可能还停留在父母塑造的环境中，懵懵懂懂。这个年龄的男人，准确来说他们还是男孩，我把他们称作"散装"男人。

男人三十多岁，经过社会的沉淀，在事业上开始有了一定的成就，有的也开始成家立业。此时，他们的身边会不乏形色的女人。事业优秀的男人，会提升自己在女人眼中的形象，把自己收拾得像模像样，让女人会想要接近他。普通的男人，如果走入家庭，身边也会有一个女人来包装和打扮他，为他打理好周边的一切。我把这个年龄的男人称作"半成品"男人。

男人四十多岁，大多数家庭稳固，事业有成，人生的经历和阅历变得丰富，他们更懂得自己的需要，也更懂得对自己内外的包装和投入。所以，我把他们称作"精装"男人。

在男人和女人 20、30 和 40 岁的发展中，不由得发现，男人的魅力和吸引是随着年龄增长呈上升趋势的，而女人恰好相反。更残酷的现实是，当女人知道这个年龄的魔咒后，竟然开始想要凭借年轻的优势从物质上解决自己的归宿问题。谈恋爱看经济条件，结婚看是否有车有房，把界限设置得严格又苛刻，就连父母们也一同支持这种操作，最终导致要么无法找到合适的对象走入婚姻，要么把自己拖到一定年龄又放宽条件随意嫁了，要么就是掉入了物质和权利之中，让自己沉沦、腐化，沉浸在浮华的世界里面，无法自拔，甘当男人的情人，破坏家庭和社会的和谐。

其实，男人或女人拼尽全力博得事业上的成功，都是为了人生幸福的使命奋斗的。我们允许 20、30、40 的女人故事发生，我们就丢掉了自己的使命感。这时，我们的事业再成功，家庭不幸福，也无法走上终极幸福的道路，难以获得人生的圆满。

我们不能走入"文明越进步，社会越现代，思考却越脆弱"的深渊。我们不能忘记自己与生俱来的使命感。所以，在不断传播美丽内外兼修理念和美丽哲学同时，也通过和行业里不同领域专业人士的探讨来为美丽纠偏，行使我们的美丽使命。

美丽催生的行业，叫美业。美业除了包含生活美容和医疗美容两大领域外实际上应当包括大健康美容。生活美容，就是指护理保养类的美容，比如保湿、锁水、祛痘、身材管理等，也就是说不需要动刀，对你的皮肤没有破坏性的美容护理。从事美容的工作人员，一般都是美容师，需要的是劳动部门颁发的职业技能证书。医疗美容，就是指需要做手术的那种，也就是我们常常说的整形医院。类似隆鼻、丰胸、割双眼皮，以及打瘦脸针，也就是需要破皮动刀的，是有着严格的消毒标准和用药规范的，这些都属于医疗美容的范畴。从事医疗美容的人，一般都是医生、护士，必须要有国家卫生部门颁发的行医资格证。而大健康美容，其主要包括的就是中医养生、脏腑调理、细胞营养健康、两性健康养护和心理健康。中医的理论认为，诸形于内必形于外，面部问题、身体皮肤很多都是源于隐藏在身体内部疾病或亚健康问题。大健康作为内在美容，是实现内外兼修的关键。

但是，无论生活、医疗还是大健康美容，最终都是给客户提供关于美的服务。要行使我们的使命，首先就要给行业树立这个行业自己的标准，建立自己的标准体系。标准体系的建立，是对于美丽普遍的、正确的认知和追求方式，有了这个作为基础，行使使命的时候我们便可以有据可依，有规可循，并在此基础上进行创造性的使命完成。

我想，只有真正理解美丽，真正为客户着想而非单纯为生意着想的美业从业者，才是消费者的福音，也才是我们真正行使美丽使命感的体现。

因为共同传播美丽的使命，我们就能够在一个看起来相互竞争的领域里成为知己，共同促进美业的发展，带着使命感真正惠及每一位客户。让追求美丽的人，真正地理解美丽；让不了解美业的人向往成为合格的美业人；让拥有品牌信仰的美业企业成为国家、民族的世界窗口；让美业的生态圈，拥有良性的循环。

这时，对于消费者，我们是美丽使命的引领者；对于从业者，我们是美丽使命的教育者；对于行业，我们是美丽使命的标杆竖立者；对于社会，我们是美丽使命的践行者。我们会带着自己的使命感做这个行业的摆渡人，也借助更大的平台践行使命，塑造品牌信仰。

我们率先在 2018 年 10 月 20 日打造了"世界旅游辣妈大赛"。

"世界旅游辣妈大赛"对所有女性来说，是可以拥有自己事业，可以辅助丈夫成就事业，可以教育子女成就伟业，可以带领家族兴旺发达的现代女性勇敢追求人生梦想积极心态女性的展示平台，是健康乐观、积极向上妈妈形象的代言人，更是家庭的魂，企业的根，社会的楷模，民族的旗帜！

只要你渴望展现自我，只要你相信自己的魅力在这个舞台上是独一无二的，不论你是单身或者已婚，不论是有孩子或孩子已成人，只要对生活品质和美丽有着更高的精神追求和关注，只要想真实的给自己人生一次自信动人的彰显，"世界旅游辣妈大赛"就是你最好的选择。

我们希望给予所有女性参赛的信心，我们不遗余力拯救因身材变样而缺乏信心的女性，同时，更要打造许许多多美丽动人自信的女人。赛场上时尚美丽、性感妖娆的辣妈们就是我们最好的"作品"，她们都因此而获得了实至名归的自信之美。

我们特意请来了经验丰富的化妆老师，为她们打造最精致的妆容；请来了国内最知名的礼仪老师，为她们进行形态和礼仪培训，指导她们如何在举手投足之间做到仪态优雅；还请来了有过多次参赛经验的模特老师，教她们如何在舞台上走台步、如何展示自己。只用了短短几个月的时间，每位选手就实现了彻底的蜕变，她们走红毯入场的场景，就是一道靓丽的风景线。带给我前所未有的震撼。

198名选手，在舞台上正式亮相。她们之中，最小22岁，最大62岁，但是无论什么年龄，她们的自信和勇气都一样令我感动，同时也让我深深地感受到了自信植于心，岁月从不败美人，美丽内外兼修的理念。对于女人来说，年龄不是瓶颈，衰老也不是结局，只要内修外美，人人都能在众人面前展示自己的风采。

我自豪，第一次举办就能吸引这么多辣妈参加。看到每个辣妈们自我展示的感染力以及镜头感和台风的展示，无一不是个人气场的试金石。她们各尽所能地努力发挥自己的最高水平，连专业的评委都连声给予她们高度的认可。她们在舞台上丰姿绰约地展示着自己的美丽、魅力，也掀起了现场一阵阵热烈的掌声。辣妈们不仅展示了风采，还赛出了水平；不仅得到了各大媒体的跟踪报道，还吸引到了中央电视台的关注。

这之后，我有幸做客中央电视台《对话新时代》栏目，与朱迅老师共同探讨了关于女性爱美的话题，并向广大观众阐述了"美丽一个女人、幸福一个家庭，和谐整个社会"的企业愿景。

辣妈大赛的成功举办，书写了一段行业的佳话。我们不仅演绎了一场自信的视觉盛宴，打造了一个美业的崭新平台，也让更多女人体验到内外兼修的美，并宣传了云南风光自然的家乡美，为世界了解云南身体力行地奉献自己的力量。

2019 年跟随"一带一路"中泰文化论坛，我们有了一次在国际舞台上与中泰两国众多知名媒体面对面交流的机会。这一次，我们把中国少数民族服装和代表中国元素的旗袍展示在了世界的舞台上和媒体的面前。它是一种无声胜有声的文化交流，也是企业成为民族品牌的展示窗口，当我们在行业中的领先地位逐渐站稳脚跟时，我们的思想文化也借由这种润物细无声的方式占领了文化领域的位置。这是我们坚定信念和使命以及社会责任的延伸，更不断提醒我，在做好自己同时，要不断放大影响力。因为，只有让更多人看见，才能影响更多人！

　　使命感引领着我们不断地为行业做榜样、为社会做贡献，与政府共建营商环境带来行业和社会的积极影响。这时，也让更多的人越来越了解我们的企业，越来越了解美业，越来越在这份事业中找到极具使命感的意义和价值。

　　我逐渐对做民族品牌的使命价值和意义有了更深的理解。无论大小，企业的使命始终是要取之于社会回馈于社会的。

第二章

幸福一个家庭

一个幸福的家庭看三观，一份美丽的事业看价值观。美丽一个女人，幸福一个家庭、和谐整个社会。我们用"工匠精神"对客户，用"家文化"纳人才，以"忠诚至上"对产品，拿"超期待服务"做服务。

幸福，"工匠"之下无莽夫

> 用家喻户晓的"经营之圣"——稻盛和夫的话
> 来形容"工匠精神"就是："企业家一定要学习匠
> 人那样的精神，拿放大镜来仔细观察作品，用耳朵
> 来聆听每件产品的'哭泣声'。"

企业要想在时代中立足生根，就必须要践行"工匠精神"。"工匠精神"会令我们带着优质的产品、规范的经营、严格的标准、统一的管理，脚踏实地地使企业获得持续盈利，为客户创造价值，与合作者共创伟业。我们的客户观就是持续盈利，共创伟业。

美业人开始都是手艺人出身，由于入行门槛低，初期基本都是低水平的技艺，加之行业不够规范造成了如今大众对美业从业者的认知和眼光很不友好。但是中国有句古话叫："自

助者天助也，自弃者天弃之。"也就是说，不论美业在大众心中是什么样的，我们都应在自己的生命里有所要求，为自己的事业和事业的发展、崛起贡献一份力量。这个要求就是"工匠精神"。

"工匠精神"的本质，它与名利无关，与时间无关，甚至与从事什么样的行业无关，只与人自己的精神意识有关。拥有了这样的意识，无论从事什么职业、在任何一个领域，就都能够专心专注于一处，扎实内功，深耕行业，赢得事业上的成功，为企业、品牌赢得客户的人心和口碑。

在许多人的普遍印象里，"工匠精神"是既耗费精神又耗费劳动力的体力活。尤其当如今科技发达和物质丰富时，因为智能化对手工制作的取代，人们常常会无意识把从事工匠的人当作是一群被时代抛弃，甚至工匠地位也无法超越拥有脑中智慧的人才，是只配获得低收入却要做最繁重工作的人。但是，它在传统手工艺的制作上，却为我们的生活创造了许多高价值的作品，并一直流传至今。乃至于，当复古成为一种潮流时，我们也开始在产品的包装上对其进行仿工匠式的打造以及宣传。

这说明，单纯把"工匠精神"当作一种技能技艺来理解，是对"工匠精神"认识理解的不足。真正的"工匠精神"准确来讲，它应当是一种精神文化，是从那些最早根据传统的需要而开始手工艺制作的人身上流传下来的一种精神品质。如果我们在自己的职业和领域中，不仅能够出色地完成工作任务，并且能够在岗位上不断重复同一件工作，不断地总结经验和再创造，优化工作、优化流程、优化生产、优化服务和产品品质，那么做这样工作的人就可以称之为"工匠"。我们身上所带的品质就是"工匠精神"。因此，"工匠精神"不是一种手工或者机器的形式，而是一种文化。

用家喻户晓的"经营之圣"——稻盛和夫话来形容"工匠精神"就是："企业家一定要学习匠人那样的精神，拿放大镜来仔细观察作品，用耳朵来聆听每件产品的'哭泣声'。"虽然，稻盛和夫说的是企业家，但职业没有高低贵贱。从事一份事业，也是在经营人生，做自己人生的企业家。所以，"工匠精神"所有人都适用。

当企业中每个人都拥有"工匠精神"时，这个企业所形成的文化，品牌信仰和客户口碑中，也会带有"工匠精神"的影子。当"工匠精神"深入到每个人的心中、深入到企业全面创新中、每个行业和领域中时，我们的国家才会走上一条大国崛起之路，实现我们共同的中国梦。

我们每个人其实都会有"工匠精神"的经历和体验。比如我们工作时，遇到困难或失败，选择了放弃，就只能收获失败；选择信念坚定，使命必达，就会反复尝试、重复推敲、积极验证，直到找到突破口，继续前进，全力推进，奔向终点。这时，所有困难、所有挑战都是对我们做事心性的磨炼。越是坚定、越是磨难、越是挑战，我们就越是专注、越是耐心，从而拥有从容的心态克服一切困难。"工匠精神"就隐藏在这种挑战中，让我们成为离成功最近的人。因此，"工匠精神"不是我们成果的体现，而是我们付出的过程。

如果"工匠精神"放到企业，它就是一个企业在不同时代是否能够走得稳健的气质所在，也是企业所在时代的气质所在。

这些一流产品和品牌的背后，是无数个工匠为其倾注时间、精力，反复打磨，反复试验后汇聚心血产生的精神力量。这些力量构成产品的灵魂，品牌的价值，客户的价值。我们就算暂时无法拥有，也会想要攒钱购买，让一流的品牌为我们的身份、气质甚至品味背书。

这意味着，如果企业始终坚定、从容和踏实地带着"工匠精神"不断奋斗，就会拥有长寿的生命，带来客户的钟情。

资料显示，截止到 2016 年，年限达到 200 年以上的企业，日本最多，有 3146 家，德国有 837 家，荷兰有 222 家，法国有 196 家。我相信，当这组数据呈现时，我们就能立刻搜索到知名企业与这些国家的对应。它们能够让我们记住并耳熟能详，绝不是偶发现象，而是不断沉淀"工匠精神"所呈现出来的自然结果。

然而，中国作为制造业大国，在生产制造变得越来越工业化、流水线化甚至于销售变得智能化的时代，企业对人的依赖已经日渐减少，产品也如此，"工匠精神"又如何体现呢？

我认为，工业化的制造是机器将人工劳动生产的部分劳动力转化成机器，但是绝对无法代替人在其中为实现机器生产而投入的情怀，也绝对无法代替产品最后流通至客户手中体会到的从设计到体验上的细节品质。

新工业时代的智能化，讲究的是效率、收益和规模，但在这样流水线上生产出来的只是冰冷的产品。没有人对机器的设计、使用、维护、保养和更新，就不会有更高效的设备生产；没有人对产品的设计、研发、检验、测试、包装到运输和销售，就不会有高质量合格的产品在市场上流通、产出价值；没有人对产品进行使用的讲解、说明、服务、知识普及，就不会有产品价值的最大化传递。何况，即便现代化生产的今天，也还有很多的行业领域坚持在产品打造的某个环节中必须使用手工制作。

因为个性化的时代到来了。很多传统的商品开始再度获得市场及客户的追求，自然"工匠精神"也在以需求为导向的市场中，成为需要被我们重新重视的精神品质和生产品质。最具代表的就是私人定制。

所以，"工匠精神"是超越时间和跨越领域的精神。它提醒着我们对事业甚至为人处世，都必须有种向往极致的卓越追求和精益求精的品质。

尤其自 2016 年，"工匠精神"第一次正式出现在治国安邦的文件之中时，这个再熟悉不过的词背后所蕴藏的精神和文明又再一次呈现在众人的眼中。中国的企业要发扬工匠精神，而央视也拍了一部记录大片《大国工匠》，令国人震撼。

在全国各行各业开始兴起一股弘扬"工匠精神"热潮的同时，仅有 30 年的美业，也应当开始倡导与践行。无论我们是美容院的老板，还是负责管理的店长；无论我们是精通手法的美容师，还是四处奔波，专业擅长的美容导师；无论我们是妙笔生花的纹绣师，抑或者是其他一线中平凡的岗位，乃至于刚入行的新职员、小学徒，都应带着"工匠精神"的标准自我约束，服务客户。

为了把这种专注到极致、热情到无所畏惧的"工匠精神"状态发挥出来，我把"工匠精神"通过铁匠的身板、木匠的尺度、石匠的慧眼、篾匠的巧手、裁缝匠的精神五个角度来呈现。

铁匠的身板："坚忍不拔、勇于挑战"

中国人有句古话叫作："打铁还需自身硬。"

最早，铁在高温的熔炉和铁匠的反复捶打成型之后，经过冷却才能成为铁制的工具。而打铁的铁匠，因为捶打铁的工具有十几斤重，硬度也很强，所以铁匠的自身身板就必须十分强硬才能让铁块敲打成型。这意味着，想要把一件事情做好，在要求别人的基础之上先要把自己做到同样，甚至于超越对别人标准的要求，才能够被大众所佩服，并且赢得信任和认可。

如果我们以同样的标准作为对美业自身的衡量，那就是美业人从事事业时对自身产品、技术、服务和管理上持之以恒的自我锻造和信念锤炼。包括从事手工操作的美业人、从事管理和销售的美业人和从事产品和服务的美业人。

先说说，从事手工操作的美业人。

手工操作的美业人和铁匠都是靠体力吃饭的。手工操作时，我们对手指的用力，要从如何发挥肌肉之力变成阴柔的身体之力。对穴位的点按，要从将身上按肿无数次的穴位寻找，到闭着眼都能到位的准确，让客户感受到手部与肌肤的服帖，手法从僵硬到柔软。手上每一个动作的到位，都是一场与身体本来状态的对抗训练。这种训练的要求不亚于艺术家弹钢琴时手指灵动的标准。

我们不需要铁匠捶铁时的硬力气，却要有刚柔并济、恰到好处的力度，这种力度的把控也是需要十年磨一剑的功夫来打造的。同时，我们还要接受大量的专业皮肤知识、身体知识、穴位理论、营养知识等一系列专业学习。没有吃苦的精神，我们就无法实现技能的娴熟；没有坚持的精神，我们就无法获得知识的沉淀和应用。技术不达到，我们就没有客人可以服务，更不用说提供服务和实现价值了。

虽然科技的发展涌现了大量的美容仪器，让我们的手工操作可以学习得更快更省力气，但多数客户还是会保留对原始手工服务的需求。因为通过肌肤的接触，人与人之间可以达到能量的传递，精神的传递。所以我们的服务必须要像铁匠一样，稳抓手上操作的真功夫、硬技能，让客户不仅能够享受手工操作，而且能借助仪器的辅助使仪器作用、产品功效事半功倍。

再说说从事管理和销售的美业人。

美业管理和销售的共同特点就是靠嘴吃饭。嘴上本领厉害的人可以在美业有着更快的发展步伐，但是只在嘴上下功夫却不用心学习真本事，是无法在美业走长远的。我们可以借助软件来实现管理和销售，但还要真正投入时间和精力学习和思考提升管理的知识和水平，懂得识人用人。

忙是美业的常态。美业是培训最多，会议最多、活动最多，加班也最多的行业之一，因为我们只有不断地提升自己的智力，才能实现自我超越，行业飞跃。

想要投身于美业中大展身手，不仅要抵御住服务中的艰辛，还要做到不断成长和对自身限制的突破。无论是身体拼搏还是知识奋斗，拥有铁匠一般的意志力，才能支撑我们的身体和精神有一种坚强的韧劲、勇往直前的冲劲和百折不挠的特质，在面对困难与挫折的时候表现出顽强的意志、坚强的耐受力以及勇于面对的坦然心态。

最后说说，美业里的产品和服务。

美业的产品主要是由生产商和销售商提供。如果要在琳琅满目的商品市场上长久存活，只有通过过硬的品质、合格有效的成分来实现。消费者越来越理性，我们老板也越来越明确，铁打的营盘流水的兵。美业的文化、精神是铁打的营盘，除了人以外，经营场所、产品就是兵。

我们始终只选择优质的产品来给我们的客户服务，这样我们才能经得起检验。而对于服务，我们不应局限于物质范围内可见的产品，还应包括那些看不见的付出和投入。尤其是从业者在强大的压力之下，所锻造出来的抗压力、意志力和责任感，以及从容乐观的人格、品性。这些都会是美业人自身硬的核心所在。

把这种坚忍不拔、勇于挑战的磨难过程当作人生一次宝贵的经历，做到"经得起、扛得住"不轻易地"缴械投降"。我们就能成为把美丽内外兼修理念传递下去，让客户因此受益，让合伙人因此获利，让品牌因此享誉，成为笑到最后的美业人。

木匠的尺度："把握尺度，从严考核"

过去老木匠在传艺时经常说："凳不离三、门不离五、床不离七、棺不离八、桌不离九。"这些数字大多取自谐音，寓意吉祥。而本质上说的就是这些器具的尺寸讲究，用今天的话来说就是专业的衡量标准和考核指标。

过去，生活条件的限制，很多人都买不起现成的家具，都是请木匠师傅制作的。因此，木匠这个职业用现在的话来说就是热门职业。但是，要做好木匠的活却并不像我们如今看到的用木工机械来完成的操作，现在操作机械制作家具的人只能叫做木工，而不能称之为木匠。木匠的工作，从备料、锯板、开孔、榫卯、组装等，每个环节都必须尺度精准、精益求精，否则就无法做成一件像样的东西。

从这个角度来看，对照美业来说就是我们对行业的进入标准、从业标准、经营标准、产品标准、销售渠道、服务标准、培训标准乃至人才标准都需要有职业化、系统化、持续化的发展要求，才能使整个行业走向健康规范化的状态。

随着美业蓬勃地发展，在美业进入中国的三十多年，开始有许多的人和企业陆续进入，同时，我们也看到了很多跨界进入者。这表明，从前美业在市场上的存在是以满足单一的功能性需求而产生的，如今却发展成为多样性需求的提供者。

从众多涌现出来的高端综合性会所，加上各种网络渠道纷纷介入，我们就不难看出，原先这个行业所处的店家卖方市场优势已经逐渐向竞争激烈、客户选择的多样性买方市场转变；从只要租两张床位就能赚到钱的粗放式经营，到绞尽脑汁做营销活动、费尽心思讨好客户也挣不到钱的市场营销式经营。

在生存和竞争变得越来越激烈的如今，想要在美业生存下来，赚到钱，我们就已经不能仅仅停留在买卖的阶段了，而更多地应当上升到标准层面、思维层面、经营战略乃至系统、智能化经营的状态中。这种提升，不仅意味着我们的企业需要拿着木匠的尺度去对照这个市场来制定这个行业的标准和要求，也意味着，这个行业对于从业者的进入也开始提高门槛。

而本身从事这个行业的企业，则要更快从企业老板的精神格局上，企业管理者的管理水平和思维格局上以及从业者的适应能力上进行提升。这包括美容院经营管理层面的数据化实现和管控、从业者的进出从严考核的标准、行业高级人才的引进留用以及行业基层人才的培养发展、管理和操作的规范化标准运作以及超级服务的提供管理等。

它们的每一种衡量，一旦制定或者提升成为标准，就使所有企业存活在美业竞争这把尺子上，时刻需要接受这个行业的测量和监控。一旦对自己有所松懈，抑或者不严谨，就很有可能遭遇淘汰。

因此，想要让自己能够在美业里生存下来，我们就要不断想想自己有没有偏离企业愿景、使命的初心，想想我们当初为什么出发，不断对照行业现有水平，不仅抓住行业现有水平的尺度，甚至还要给自己制定高于行业水平尺度的衡量标准，我们才能够在这个行业中保持着长久稳定的生存姿态，持久为客户创造价值。

石匠的慧眼："未雨绸缪，观察全局"

谈到石匠，其实更多是石匠在做事过程中对于每一块砖的选择和每一块砖运用以及搭配。关于石匠有句话叫"好石匠没有用不了的砖"。

石匠最重要的两个特质就是挑选和运用。放到企业中来说，就是企业管理者对于人才的使用、团队的组建和对行业趋势判断和发展观察以及应对策略的综合能力。这是石匠的慧眼，也是企业领导者的慧眼。

有个关于石匠的故事，五个正在盖房子的石匠被问道，"你们正在干什么？"

第一个石匠回答："我想如何报复冷酷的监工。"

第二个石匠回答："我不知道，头儿让做什么就做什么。"

第三个石匠回答："我盖房子。"

第四个石匠回答："我为了赚钱谋生。"

第五个石匠回答："我正在建造世界上最美丽的殿堂。"

五个石匠的回答很简单，然而极具慧眼的领导者通过他们不同纬度的回答就能够识别他们属于哪一类的人才，处于什么样的位置，接受何等水平的领导。同样，他们也能通过对企业的了解，懂得如何使用、调整这些人员的岗位，对管理团队的人员做出客观的评价，从而让每个人都能够在适合的位置上，发挥最大作用，为企业大厦的基石起奠基、稳定、平衡和发展的作用。

人才的使用绝对不是通过某一个角度就能进行定性的，这不免会流失掉真正的人才，或者造成团队信心的丧失。但是从事情中观察细小的言行举止，从多个角度进行侧面的分析、思考，通过一定的时间，就能真正识别人才的真实本质，最终把他们放在企业中合适的位置，做一名合格的砖，发挥其最大的价值。这是人才使用和团队组建上，企业领导者应当有的慧眼。

而在行业趋势判断和发展观察政策应对上，曾有句话叫："不谋全局者，不足谋一域，不谋一世者，不足谋一时。"不论美业从业者的起步水平有多低，作为一个行业，一个企业的领导者也应当具备合格管理者应有的基本知识、见识和胆识。

所有能够成为管理者的人，在多年的经营和实践中，从专业上已经获得了这个行业所需要的各类知识和能力。但随着时间推移，市场的激烈竞争会倒逼我们要带着勇敢的精神去突破和超越，并提升自己对于未知未来的预见性，也就是见识能力。这种见识能力，体现的不仅仅是未雨绸缪、观察全局的慧眼，更是一种在企业愿景、使命、价值观上实现目标的坚定信念和带领团队势必达成梦想的事业心。

至于未雨绸缪，是事前处理和事先防范。它是一种先知先觉的能力。我们要多走动、多巡视、多思考、多反省。其实，很多事情在还没发生时，我们通过经验和知识就能想到这件事情接下来发展的步骤和阶段，并根据这些信息提前发现问题、找出原因，把结果放在起因处做处理，并找到解决措施和方法，把失败最大化放在开始时做避免。

而观察全局是发展现状与远大目标的把控。它是一种应知应觉的能力。我们对当下的事情选择和快速决策有赖于它。企业所做的每件事情、每个行动都应当是围绕企业目标而努力奋斗的。每个环节，每个节点也都是围绕着企业战略目标而设定的。关键时刻、关键事情、关键问题的亲自处理是对避免企业通向战略目标时偏离轨道的做法，也是避免企业走弯路的办法。

我们的追求和实现目标的路径是成正比的，追求越大，路径越长，过程越艰辛，看到的层面就要更具高度。我们一旦在企业愿景、使命、价值观上拥有实现战略目标的坚定信念，并拥有达成人生目标的强烈意愿，渴望在事业获得人生意义和价值感，并为客户、社会、世界留下价值，就要不断修习自己在管理上慧眼识别和判断、决策的能力，把握住这个市场的先机，观全局，谋伟业，实现价值共创。

篾匠的巧手："步调一致，思想统一"

篾匠这个词很多年轻人会有些陌生。但是这个职业在中国却有着非常悠久的历史。篾匠的手艺最重要的就是把一根粗壮完整的竹子劈成各种各样的篾丝，并且让所有的篾丝都呈现粗细均匀，青白分明的样子，接着才能够开始进入工序复杂的编织工作。由此看来篾匠的能力，在于能够将任何杂乱无章、毫无秩序的篾丝编织成兼具实用功能和美观效果的物品或者工艺品。

对应企业来说，篾匠在准备篾丝的这种能力像极了企业在创业初期从创始人一个人变成多人团队的感召过程。初期的篾丝粗细会有差异，正如初期进入团队的人都各带着想法，中期篾丝变成粗细均匀的样子，就是团队成员间统一思想、团队协作的过程，最后将篾丝编织成器，就是从创业到打下江山后，拥有一条心的团队凝聚力。

这时篾丝所造就的就是一个家用品、艺术品，而团队经过一代代复制形成更庞大的团队，最终共同聚力打造了一个企业，拥有一支团队，共同拥有一种企业精神，这个企业就是一个艺术品。

而篾匠能够将篾丝编织成器，更深一层还代表着，企业将一群来自四面八方、性格迥异的人通过企业文化的学习和在事业上重复训练变成一只训练有素、整齐划一团队的能力。企业的这种能力，不仅可以打造一支训练有素、凝聚力超强的铁军，还能拥有聚沙成塔的魔力和点石成金的魄力。

企业愿景越大，使命越高，对这项能力的要求就要越高。首当其冲就是对企业经营者和核心管理层的要求。因为，企业的发展壮大，经营者和高层们将面对除个人利益外整个企业的利益，从自己的岗位职责到企业的社会责任。企业一旦动荡，不仅会给员工们带来破坏性，还会影响社会。

因为每员工都肩负着各自在社会和家庭中的责任和负担，从他们选择登上与我们共同奋斗的船只时，经营者和管理者作为舵手，就有义务提升自己，用篾匠的巧手和持续的耐心带着船员们驶向目的地。最好的方法是统一价值观，让全员思想统一、步调一致。

对上，企业经营者和核心高管可以凝聚共识，成为企业的发动机；对下，企业经营者和核心高管可以建立目标和计划，以及考核的指标，使团队成员愿意共同拿起双桨，齐心协力朝着一个方向，整齐划一的前进。

士气比武器更重要。当整个团队的士气高涨时，统一的价值观和目标以及使命和热情的事业心，会是我们无形的武器，铸就一个意志相连的铁血团队，守护着企业不断发展壮大，持续给予客户服务。

裁缝匠的精神："一丝不苟，专注如一"

在所有的工匠之中，裁缝匠应当是目前为止我们还能常常见到的职业。尤其是在那些意大利服装的品牌之中可以找到极致的踪影。意大利 1000 年前就有"裁缝匠守护神"的称号，它包括裁剪师、缝纫师、钉纽扣师以及肩部设计师。甚至熨烫师，都是极受尊敬的工作。

一个好的裁缝匠学徒要从小就开始接受学习和训练，因为这时候的手指会像弹钢琴的手那样柔软又灵活。如果年龄超过了 20 岁就不能再学。而花四年的时间学裁缝匠，此后毕生的工作就是一针一线一剪刀，在如今任何一个职业看来，都有些不可思议，却的确存在。

裁缝匠的这种精神，源自对布料的感情和敬畏，并将其当作充满生命的材料，允许其呼吸和调整，通过等待，最终才以精致的样子呈现在世人的眼前。对于我们的事业来说，就是我们对事业的热爱和追求。我们是否能够将自己选择事业如同选择婚姻一样的谨慎，是否能够像经营婚姻一样呵护我们事业的羽毛，并让它成为我们生命最重要的组成部分之一，长在我们的身体里，这就决定了我们会用什么样的态度去对待它。

相对许多行业，美业的入门门槛比较低，但是收益却很可观。这很像人们找对象不管自己拥有什么能力，却都会要找有车有房的一样。但是，如果我们带着这样的简单又粗暴的方式选择对象，我们一定会经历痛苦地挣扎和纠结地选择。

同样，如果我们选择一个行业、一份职业是抱着想要拿高收入，忽略对行业和职业长期的时间付出、投入和打磨，一旦付出与收入不匹配，便会开始对职业、对事业甚至于对人生产生怀疑而导致迷茫，使我们不具备抵御风险的能力。

频繁的选择会产生自我否定，不断地跳槽也会给职业生涯带来没有累积的成长。裁缝匠从小开始学习裁缝的精神以及持续学习和日复一日做同一件事，就是要告诉我们对待事业，选择时保持谨慎的态度，选定时保持坚定的信念，不当莽夫草草决定，不当莽夫虎头蛇尾。干就一辈子，要不就干脆别开始。

提起裁缝匠，还会让我想起小时候昏暗灯光下，妈妈带着老花镜一针一线缝补衣裳时候的画面。那是一种从内心生出来的专注，也是从内心生出来的爱。

延伸到这个职业，但凡到了裁缝匠手中的布料，都能化腐朽为神奇的变成一件件车工精细的衣服，一个个精致美丽的配饰；每一刀裁剪都是尺寸上的严丝合缝，每一个针线的车工都是长短有序的规则。如果有一丝一毫的分心和走神，有可能小到一条线、一根针、大到一块布料、一批订单、一份心血，都将变成废物、垃圾，甚至酿成大祸。

细细品味，用心领会我们就能感受到，对美业来说这种裁缝匠的精神，就是一种细节决定成败、专注成就未来的一丝不苟。

在美业，消费者小则把他们的外貌交给我们，从皮肤的护理、到修复、保养，大到把她们的生命交给我们，从健康调理、到养生、整形手术。这种服务如果没有足够的信任和爱，如果没有裁缝匠的一丝不苟，就可能出现重大失误。布料、针线可以报废，生命却不可能重来。

因此，我们的服务就是对生命的呵护。任何一个微不足道的细节，都是对生命的敬畏，任何一份专注和持续，都是对生命的尊重。美业人只有专心专注于一处，扎实内功，深耕行业，才能赢得客户的人心和口碑。

美业不能单靠销售，出单完成任务。美业不是光靠卖产品，做活动完成业绩。美业是从为客户获得美丽、自信的人生和丰盈富足的内涵，成为内外兼修的女人而生的。

当"工匠精神"成为全民共识，美业人的"工匠精神"也不能示弱。美业三十多年的行业发展涉及产业链上环环相扣的相关企业，不同规则、不同制度之下，"工匠精神"是唯一可以凝心聚力的纽带和思想共识。如果在美业中存活要依靠平衡的美业生态圈，那么"工匠精神"就是这个生态圈中的一把平衡利刃。

我们视平衡美业生态圈为己任，用"工匠精神"为行业带来幸福能量。

现代化科技在飞速发展，徒手创业等同于一头脑热，如莽夫一般。带着"工匠精神"，不断自我提升和专注服务，给予客户超期待的服务，我们的企业才能得到长足的发展，我们的行业才会获得更多客户的认可，而企业才能获得长远的利益。

践行"工匠精神"，对铸就品牌意味着慢就是快的快速推动作用。如此一来，我们才能够在这个过程中找回美业兴旺发达的正确逻辑。而五匠俱全的"工匠精神"，无论是铁匠的身板、木匠的尺度、石匠的慧眼、篾匠的巧手还是裁缝匠的精神，都是我们在美业立足的最基础"工匠精神"。它们都是围绕对美业的热爱、对客户的负责，执着于全身心投入来体现的。

因此，我也真心地希望，"工匠精神"能够在美业扎根、发芽，让我们可以早日在美业中看到一代传多代的"老字号"品牌，拥有自己的商业地位和品牌信仰，让每个美业人问心无愧以"匠人"自称。

幸福，是让心找到家的归属

> 我深深地明白家是人的根，家是心的归属。企业的责任不仅仅是为了求生存，谋发展，创业绩，争上市，还担负着员工及其家人们的生存、发展、归属和幸福。

员工是企业迅速发展成为行业标杆的参与者、见证者、贡献者。而企业的所有荣誉也会成就员工。在我看来，员工与企业老板之间不是领导与下属的关系，也不只是同事关系，而是家人。我们在一起工作，只有分工的不同、职位的不同，没有人格的高低贵贱，大家应该在一个温暖的氛围中，为我们的美丽事业共同努力。因此，人文关怀、成就梦想是我们的人才观。

这里，有一种情叫"师徒情"，它超越了同事的关系、上下级的关系。我们不只关注数字和业绩，更在乎情感的互动、心灵的共鸣、信念的启迪，以及人生历程中的指引和帮扶。我们相互之间，一次次谈心，一次次关心，一次次的动心，让每个人载着温暖继续前行。

我最感恩的是，从我创业开始，有一群人始终跟随在我左右，无论经历了什么样的难关，她们也始终对我不离不弃，与我一起风雨兼程、同舟共济。在长期的相处与共事中，我们彼此之间自然而然地发展出了情深义重的师徒之情。她们把我当成师傅，把我当成了一种心灵和情感的寄托对象。而我也竭尽所能地引导她们，帮助她们，我常对她们开玩笑说，"带弟子就像养孩子一样！"

为了促进她们尽快地成长，我常常分享我的故事和经验给她们听。成功并非一朝一夕，首先是要专心。对一件事情专心的程度，决定了一个人成就的高度。一个人与其花很多时间和精力去凿很多浅井，不如花同样的时间和精力去挖一口深井。

专心是一种精神、一种境界。集中精力做好一件事，长时间地全力以赴，一心一意坚持不懈，不达目的决不罢休，就是这种精神和境界的反映。一个专心的人，往往能够把时间、精力和智慧凝聚到所要干的事情上，从而最大限度地发挥积极性、主动性和创造性，努力实现自己的目标。特别是在遇到诱惑、遭受挫折的时候，他们能够不为所动、勇往直前，直到最后取得成功。

专心之后还要专业，专业程度就是企业的竞争力。所以，作为我的弟子，不但要有专心精神，还要有专业能力，要有从事美业必需的完善的知识体系，能为客户答疑解惑。终身学习是专业化的必经之路，只有善于自我学习，才有最稳定的"铁饭碗"。当然，专业往上就是要成为专家。做管理的要成为管理专家，做技术的要成为技术权威，做销售的要成为销售精英。只有把自己锤炼成专家的人，才会被委以重任，才会发光发亮。

专心、专业、专家是我常常带领弟子们不断学习的基本精神要求。它们一步步环环相扣，缺一不可。专心才能专业，专业才能成为专家。成为专家，才能实现从"业余选手"到"职业选手"的成功转变。而我的弟子就要这样一步步地成长起来才能以最快速的发展成为能独当一面的美业精英。

我对她们完全是倾囊相授，传之衣钵。白天大家很忙，就要抓紧晚上的时间上课，从为人处世到与人沟通交流，真心的付出换来了每一个弟子的优秀，甚至于因为这种贴身的付出，她们还会喊我"老妈"（其实我不比她们大多少）。但是她们非常珍惜和感恩，也常跟我说，父母给了她们第一次生命，而我带她们进入了人生的第二个转折点，给了她们第二次生命。这也让我更加感受到了自己身上的责任和使命，以及人与人之间最真诚的体现。

2018年5月，我举办了一次"铸魂双尚"征文比赛，我的弟子们纷纷拿起笔，写下了我们之间的故事。其中有一位弟子，她的名字叫高丽。她在文中这样写道：

与智者同行，你会不同凡响。与高人为伍，你能登上巅峰。

在今天的现实生活中，你是谁并不重要，重要的是你能和谁在一起，她可以改变你的生活轨迹，决定你的人生成败。和什么样的人在一起，你就会有什么样的人生。人生最幸运的，就是你生命中出现了这个"谁"。而我就是这个最幸运的人。因为我的生命中出现了我最尊敬的双总。在这一路上，是您以身作则地教会了我真诚、实干、信念、责任心、使命感和爱，所以有您的地方就有能量。因为您的能量会让我变得与众不同、光彩照人。在这一路上，是您教会了我飞翔的本质，让我可以搏击长空，自由翱翔！

很多时候，我的脑海里都会呈现出和您一路走来的那些开心、快乐、感动的画面。自从决定进公司追随您的那一刻起，我们一路风雨过，一路阳光过，我有过抱怨，但我从未怀疑过，从未放弃过。每当我遇到困难和挫折的时候，我的脑袋里，身体里都会感觉到一股无穷无尽、强大的能量支持着我、鼓励着我，这股强大的能量就是我最尊敬的双总！每当我处于这一刻的时候，您的声音都会在我的脑海里告诉我：丽丽，加油！

我经常不由自主地想起我刚进公司，跟随您去攀枝花的时候。那个时候的我才刚学车出来，脸被太阳晒得很黑。但是您依然告诉我："丽丽，我们明天一起去攀枝花出差哟。"此时的我，只是惊讶地回了一句"哦"。第二天，我们就早早地出发到攀枝花了。到了攀枝花的第一件事，您就带我去商场，买了漂亮的修身裙。当我把漂亮的修身裙穿在身上的时候，您兴奋地拉着我左看右看、上看下看，嘴里面不停地念叨着："漂亮，漂亮，太漂亮了！谁说我家丽丽穿修身裙不好看，可美啦！"我还记得，您一边说，一边右手去拉了一下裙子皱褶的地方，顿时，我的脑袋被幸福的场景围绕得一片空白，只是简单地说了一句："双总，我去试另外一条看看。"您听了后，马上说："去吧！肯定更漂亮。"您的话音刚落，我转身到了试衣间，在转身的那一瞬间，我已经是热泪盈眶了。是双总您看出了我的自卑，看出了我对外界一种自我保护式的疏离，所以您在用我最能接受的方式鼓励我、赞美我，让我找到属于自己的自信。所以，我一边换衣服，一边流出了感动和幸福的泪水。从此以后，修身裙就成了我的工作服，颜色、款式都可以换，但植入内心的那份意义换不了，更脱不下。

晚上休息的时候，我们把两张床推到一起，变成一张大大的床。我们就这样争着、闹着、说着、笑着就进入了梦乡。从那时候开始，我就爱上了这个大家族，更爱上了这份事业。

更记得我们在昆明的第一次潜能激发训练的时候，那个时候的我非常恐高。但是人这一辈子，往往你害怕什么就会来什么。我们挑战的第一个项目就是挑战高度。当时在爬楼梯的时候，我一边爬一边恐惧、害怕，但是又不得不逼着自己去突破。所以，在爬的过程中，我满脑子的力量都是我最尊敬的双总。那个时候，我的潜意识告诉我，我只有一边喊着您一边才不会害怕，才不会恐惧，才会更有力量。我就这样边喊着双总，边往上爬，边喊边爬。我喊出了安全感，喊出了挑战的勇气，喊出了力量。所以，我挑战成功了，我突破了！

在结束爬毕业墙的时候，我们所有老师的能量都被激发出来了，心往一处想、力往一处使。我们的共同目标，就是在最短的时间内以最快的速度让团队里所有的老师，都爬上毕业墙。一个高个的老师最先爬上去了，就在此刻，我看见您半蹲了您弱小的身躯，让团队的其他老师踩着您的肩膀爬上毕业墙。一个、两个、三个……我是最后一个踩上了您的肩膀。当我们从墙上走下来的时候，您给了我一个超大的拥抱。在拥抱的那一刹那，我们泪流满面，是幸福、是喜悦、是开心、是收获、是成长、是突破、是一份无私的爱！您紧紧地抱着我，告诉我："你太棒了！我们一起加油！你是爆发的小宇宙！"所以，从那开始，我就彻底爆发了！那个拥抱我到现在都记忆犹新，时时刻刻地回味。

还有七月底，双总组织了让所有老师的孩子参加夏令营活动。几百位"双二代"，最小的 4 岁，最大的 17 岁，他们穿着迷彩，参加了一周的拓展训练和成长课程。

当最后一天，爸爸妈妈们出现的时候，所有人都抱在一起，哭得稀里哗啦。那次夏令营后，我的儿子小龙也成长了许多，懂事了很多。

这些事情回想起来，仍然历历在目！一直以来，您从来没有嫌弃过我，放弃过我，而是教导我、鼓励我。您的每一个眼神，对我说的每一句话，都充满着对我的那份爱。所以在我感受到的那一秒钟，我就告诉过自己：今生，不管路途如何，我都认您！

我们一起走过的这一路上，我、大龙，包括我们的孩子，我们都有一个特点，只要有您我们就有安全感，只要有您我们的胆子就大，啥都不怕，只要有您我们就有动力，就具备能量，只要有您我们就有方向、有希望。

双总，回顾我这一路的成长过程，最开始，我什么都不知道，什么都没有。我没有梦想，不知道自己的未来何去何从，完全就是一张白纸，上面啥都没有……遇到您是我的福分。您的教、您的带、您的雕琢、您的点拨，让我这张空白的白纸上面有了五彩缤纷的颜色。而这些颜色，都是双总对我的恩情。

如果没有尊敬的双总，我会仍然是张白纸，还是一片空白、一无所有。遇到了尊敬的双总，我这张白纸就有了颜色，可以拥有绚丽多彩的人生。所以，我这一辈子除了感恩父母给予我生命，用爱抚养我长大之外，就最感恩我尊敬的双总，因为您教会我生存、生活，教会我去创造幸福、拥有幸福，教会我去活出自己的人生、绽放精彩的人生。

我爱双尚这个大家族，我爱修身管家，我爱双总！我会用生命去捍卫我们的企业、捍卫我们的团队、捍卫我们的品牌产品、捍卫我们的大家族、捍卫我尊敬的双总！

读完这封信，我流泪了。这就是我们的师徒之情，这是师徒带教的力量，这是美丽，事业伙伴们的大爱！有这样的爱，我们一定会走得更远！当我看到弟子们对我如此热爱时，我们的一个顾问老师也有感而发，他说："既然你们师徒之间感情这么深，师父在弟子的心目中这么重要，那你们何不举行一场真实的拜师仪式？"

中国是文明古国，是礼仪之邦，千百年来，中国人的传承形式一直是靠师徒言传身教的。所以，中国传统特别强调师出有名，讲究尊师重道。中国传统文化中，技艺也只有通过拜师入门，才被视作真正的薪火传承，称为"入室弟子"，拜师是一件非常隆重与严肃的事情。用一种仪式感的形式呈现出来，会进一步巩固大家的感情，加强我们之间的这根纽带，同时也更加有助于我们事业的发展与企业文化的传承。因为生活的信念，需要仪式来赋予。

他的这番话点醒了我，我和弟子们也交流了一下，没有想到在这件事情上，她们不仅非常赞同理念还出奇一致。当月我们就在公司内部举行了一场隆重的拜师仪式。仪式上，我的弟子们的父母、爱人全部都到场。我的弟子们向我行了拜师礼。在所有父母家人们的共同见证下进行的，这不仅是她们对我这个师父的敬爱与认可，也是我生命中最值得感恩的馈赠。

茫茫人海中，我们能够有缘相识，还能够结为师徒，这本身所代表的就是更深的情感链接。在我肩上这份师道，让我暗暗发誓，一定要更加用心地带好这帮善良淳朴的孩子，让她们的生命更加绽放。

我把她们当成了我最亲的人。每次出差，我都不忘给她们带礼物。每当她们遇到难题的时候，我都会出现在她们的面前，为她们排忧解难，帮她们进行调解。

我给弟子们提供独立的公寓，创造尽可能好的住宿条件，使她们在生活上没有后顾之忧，能全心全意地为事业而奋斗。同时，我也会时时为她们调整工作状态，帮助她们明确自己的目标，让她们在双尚得到更好地成长。而我的弟子们之间，也"义结金兰"，建立了深厚的感情。彼此之间相互学习、相互关心、互帮互助。

当很多人感受到师徒文化友爱互助的力量时，我的弟子、高管们，也会收自己的弟子。她们也会像我一样把自己多年积攒的经验、知识、技能倾囊相授，有计划、有耐心地培养他们，复制所学的，造就了一批又一批高素质、强技能、作风优良的优秀人才。同时，因为弟子们不断向上奋进，也促进了师父本身的不断进步和提高。

俗话说"你有一个苹果，我有一个苹果，我们彼此交换，每人还是一个苹果；你有一种思想，我有一种思想，我们彼此交换，每人就拥有了两种思想。"拜师让我们的知识、技术和思想通过"传、帮、带"形成了倍增的集体智慧，产生了1+1大于2的效果。

"传"是我们拜师制的基石。我们要传承的不只是中国博大精深的师徒文化，还要传承企业的价值观与使命，传承利他之心，传承敢打敢拼的奋斗精神，传承对客户负责、对美业负责的责任心。

"帮"是双尚拜师制的要诀。在带弟子的过程中，我们讲求一个"帮"字。"帮"是帮助的意思，为什么要"帮"？因为授人以鱼不如授人以渔。我也经常会给伙伴们分享这样一个耳熟能详的小故事：

有一个老人在河边钓鱼，旁边有两个小孩子默默观看。老人的钓鱼技艺非常精湛，一上午的时间，就钓到了十几条鱼。

老人见两个可爱的孩子看得如此入神，便准备将钓上来的鱼分别送给他们两个。其中一个孩子开心地拿着鱼就回家去了，而另外一个小孩既不要老人的鱼又不肯回家。老人问道："你既不要鱼又不回家，为什么呀？"小孩子回答道："爷爷，其实我想要您手中的这个鱼竿。但是想来想去还是不行，因为我不会用呀，我该怎么办呢？"老人为之一动，于是收小孩为徒，不但赠予了孩子鱼竿，还传授了孩子钓鱼的技艺。若干天后，池边出现了另一幅景象，一个孩子手握鱼竿在钓鱼，另一个孩子在旁边观看。

作为师父，授人以鱼，只能满足弟子们的一时之需；而授人以渔，则会使弟子们终身受益。所以，帮弟子的时候，我们不仅在事情的层面帮，还要帮他们的思维，引导他们养成良好的思维习惯、高效的行为方式，帮助他们塑造良好的性格以及脚踏实地的做事风格。要从为人做事点点滴滴的细节上，帮到弟子。同时，也要给别人以鼓励赞美，给她们力量，给她们希望，为她们带来快乐。

"带"是我们拜师制的重中之重。身先足以率人，榜样的力量是无穷的。师父其实就是弟子们的榜样，师父的言行举止可以直接影响到弟子们的所作所为。作为师父，最重要的就是自己先行动起来，身体力行地做好工作，竖立起自身积极、公正、认真、自信的师父形象，有效地率领，带动、感染、激励弟子们向正确的方向前进。

在带徒弟的过程中，师父不仅要通过亲力亲为去"带"，还要关注要带的这个人的心理、情感、思想变化与成长，在他生命中的每一个阶段，掌握他的变化，给他方法，及时提醒他、点拨他、雕琢他。然后，慢慢地放手，鼓励他，给他更多挑战，让他去承担更多责任，让他去实践、体验和成长。

通过"传、帮、带"，企业的价值观、企业文化、管理思想和优良传统，潜移默化地传给了大家。逐渐，双尚人就在这种拜师文化下从利益共同体，变成了理念共同体、事业共同体，最终成为命运共同体。我们彼此依赖、彼此信任、合作共生、合作共赢，共同为了美丽事业而不懈奋斗。

当有天我的弟子们超越我的时候，也铸就了我们"青出于蓝而胜于蓝"的真实蓝本，让双尚在传承优秀文化的同时焕发新鲜活力，不断发展，不断迈上新台阶。

在这个大家庭里，还有一群特殊的人，他们是可亲、可爱、可信任、可依赖的天使，为我们提供了坚强的后盾，我们将其称之为"老公团"。

从事美业的大多数是女人，很多人已经结婚成家，有孩子、有老公，背负着整个家庭的责任。我们工作的时候，一个个都是"拼命三娘"，不怕吃苦、不怕受累，坚持不懈地努力拼搏，我们的内心越来越自信。

这原本是一件对自己、对家庭、对社会都有大益处的好事。然而，就在这时，有一个问题也随之出现：很多人的家庭中，妻子不断地进步，而丈夫却停留在原地。

为天下女人的美丽、幸福而生是我创业的初衷。我希望每个人都能通过事业的打拼获得幸福的人生。我们在努力奋斗的时候，家人们的家庭幸福也是我放在心上的重中之重。所以，要让他们也加入我们的队伍中，跟我们一起成长进步，与我们一起为美丽的事业拼搏，与我们一起变得越来越优秀。

于是，我们开始邀请伙伴们的另一半来到企业，来到我们的课程与活动中，让他们亲眼看看我们在做什么，让他们参与到我们的工作与课程之中，跟随我们一起成长，协助我们一起达成目标。我们的"老公团"就此诞生。

一开始，他们只是作为义工参与到企业活动中，做一些会议组织、后勤支援等工作，默默地为我们提供帮助。"老公团"的存在，让我们在打拼事业的时候没了后顾之忧，也在无形之中给了我们源源不断的能量。

随着企业的发展，仅仅让"老公团"做一些辅助的工作，并不能给他们带来足够的成长与进步。我想，这么一群暖男、这么一群愿意付出的人，如果能够得到充足的锻炼机会，一定能成就美好的未来。我们应该给予他们更多成长的机会，带领他们一同前进，为他们的成长提供足够的助力。

于是，我们把"老公团"正式纳入到了企业内部体系中，组建了一个独特的部门——"兄弟连"。就这样，来自不同地区、不同家庭，曾经从事着不同职业的男同胞们聚在了一起，成为我们非常重要的一个组成部分。这真是一种妙不可言的缘分。

兄弟连成立以后，兄弟们迫切地希望投入到紧张的市场工作中，希望在这个舞台上施展自己的拳脚。这时，丁总开始带领兄弟连打起了有准备的战！一场学习大赛，拉开了序幕。

在我的引导下，兄弟们纷纷买了自己心仪的书本和资料为自己充电，然后小组分享、演练、反馈、实践、总结、改进，然后再分享、再演练……几个回合下来，大家从读书中收获了成长、体验了乐趣。大家根据自己的工作和短板，买回了许多诸如市场营销、思维启发、演讲口才、团队建设的书，回到家里孜孜不倦地学习，像海绵吸水一样吸取书中的营养。

同时，商学院也研发了各种各样的针对性培训课程，专门对兄弟连的兄弟们进行培训，让每个人都勇敢地走上舞台磨炼自己。

我们很多兄弟曾经从来都没有上过舞台，但在充分的学习氛围里，他们都突破了自己，学着如何在舞台上充分地展示自己。

在培训课上，最令人感动的是兄弟们的相互支持、相互鼓励。兄弟连有一个被大家称为"小黄哥"的兄弟，他比较腼腆，当其他兄弟们都突破自己走上舞台自如发挥时，他还是没有信心和勇气在舞台上进行演说。但兄弟连的兄弟们始终不抛弃，不放弃，给予了他很多鼓励和帮助，最后把小黄哥给抬到了舞台上。兄弟们还纷纷上台给他送上拥抱，告诉他"兄弟，我们爱你！你很棒，加油！"

在兄弟们的鼓舞下，小黄哥终于鼓足勇气，把自己心里的话勇敢地喊了出来，来了一次彻底的爆发。像这样的正能量故事，在兄弟连还有很多很多。

一次次的鼓励、一次次的突破，带来的是一次次的成长。每次培训课程结束，我们都能看到兄弟们在语言表达能力和思维理念上的显著进步。渐渐地，他们开始用自己的激情去影响身边的人，去感染我们的客户。除此之外，我们还会精心设计各种各样的拓展训练，对兄弟连的每个人进行精神和体能的训练。我们利用崇山峻岭、瀚海大川等自然环境，为他们营造一个抛开立场、利益、身份和社会角色的沟通和交流环境，通过形式多样、生动有趣、充满挑战的体验项目，让他们真实地面对心灵的脆弱和团队合作等实际问题。

有些体能训练的强度真的很大，参与其中真的很苦、很累，但兄弟连从来没有让我们失望过。虽然他们的身体很疲惫，却一直保持着澎湃的激情和昂扬的斗志，更令我们惊讶的是，有几个才华出众的兄弟还自告奋勇，编写了一首兄弟连之歌。

当他们手牵手，唱响这首动人又有力量的兄弟连之歌时，所有人的眼圈都红了。这些训练，锻炼了他们的体魄，磨炼了他们的意志，成功增强了大家的配合度与团队凝聚力，激发出了他们投身双尚事业的自身动力和潜能，让他们更加积极地投入到工作中，更加乐观地面对生活与事业的挑战。

与此同时，我们看到他们夫妻间之间的共鸣感增强了，情感更加紧密牢固，生活更加幸福美满，家庭更加和谐温馨。

看到这一切，我真的很庆幸自己当时组建兄弟连的那个决定，也由衷地为他们这群人的努力和成长感到骄傲，更为我们这个相亲相爱的大家庭感到自豪。

"老公团"的诞生，不仅为美业人，也为女人的进步和成长带来背后力量的支持，也为美业整个家庭的和谐共生创造了一个平台。当夫妻双方都可以参与到工作和课程中时，彼此因为接受了共同理念，就会变得价值观更加趋同，目标更加一致，家庭更加和谐和美满。

我深深地明白家是人的根，家是心的归属。企业的责任不仅仅是为了求生存，谋发展，创业绩，争上市，还担负着员工及其家人们的生存、发展、归属和幸福。

然而，但凡一个对自己的事业有着极致的热爱和追求的人，当她投入于事业的时间和精力越多，在其他事情上所能够花费的时间和精力就相对减少。我们每天都像陀螺一样转个不停，尤其在美业，这样的现象更加频繁。各式各样大小的会议、商务活动、市场调研，我们必须把自己深深地扎根在全国各省市的最前线，来回穿梭、不停奔忙。电话，是我们用来联络感情的唯一通道。双尚人常常说"电话线就是生命线"。

大家都是来也匆匆、去也匆匆，根本没有时间坐到一起静下来畅谈、交流和分享。即便是开会的时候能碰面，也因为时间紧张，而让交谈变得简单，脚步变得匆忙。我们在不同的酒店开会，接着就各奔东西。

都说"心在一起才是团队"，人不在一起，心就容易散；心散了，就容易陷入迷茫之中，找不到归属感，逐渐的对于整个团队的凝聚力也会大打折扣。看到这样的情形，我非常的担忧，同时也在思考是否能够提供一份拥有安全感和归属感的地方，让伙伴们生活和工作能够融为一体。让家人们能够在一个固定的地方得到暂时的"栖息"进行情感交流。

我希望这个地方能够像家一样轻松愉快。能够在忙碌之外，找到一个如同世外桃源一般的地方，暂停下脚步，让疲惫的身体和满载的心灵得到片刻的休息，把为工作而一直紧绷的弦在此获得放松，以获得满血复活的能量，将更加良好、持续的创造力，发挥于事业，让生命复苏，获得丰硕的成果。

我希望这个地方能够让每个人都找到归属感，在思想上、心理上、情感上都获得安全感、价值感、使命感和成就感。任何事业没有人都干不成，任何人没有家都是迷茫的魂。在家业之下共筑家园，生活与工作能实现真正的融合。在家园之中共创家业，员工的心能安扎在企业，找到归属，员工的家人们收获了稳定的幸福感。此时，所有人能够自我约束地主动承担各项责任和义务，丢掉那些私心杂念和不重要的事情，聚精会神地倾注自己的精力、时间和情感于企业，心与心编织而成的能量网络，可以共建伟业，抵御一切困难，创造出无与伦比的价值。

本着对事业的初心，也本着对员工的责任，2019 年 5 月 20 日"双尚之家"正式问世，同时载入了企业发展的史册，住进了所有员工伙伴们的内心，我们从此有了根，有了家，对企业产生了更深的安全感、价值感、使命感和成就感。这是我认为我创业以来最大的成功。

有了双尚之家之后，我们的成长培训、方案研讨会、方法训练会、内部总结会等都可以在这里举行。每次开会的时候，我们可以吃、住、工作都在这里。大家相处的机会增多了，就有了更深层次的思维碰撞，情感链接也随之得到了加强。

这时候，大家因为归属感对企业的文化有了更多的了解和更深的体验，逐渐地形成一种彼此依恋的感觉，构成一种如家一般的和谐、融洽和稳定的关系。同时，大家因为归属感而形成了一种自发的自我约束，这份约束使我们对于双尚这份事业，有着强烈的责任感，愿意承担企业的各项义务和责任，也乐于参加企业的各种活动，并在工作中摒弃私心杂念，集中精力、倾注感情于此，充分、自觉地发挥自己的主观能动性，去创造出更大的价值。

"双尚之家"让伙伴们感觉有了根，从此不会再迷茫。"双尚之家"让大家的心有了归属，心在一起才是团队，心有了归属，相互依赖才像一个家。给心一个"栖息"之所，于形有了双尚之家，于心有了一份归属。生活与工作的融合，身心也获得了合一。

双尚之家的问世，从我对伙伴们的爱而来，当我看到家人们因为它而收获到了从内心到身体的归属感时，我感受到自己也是充满富足的。

当我看到我不仅能够让女人成就拥有美丽的身材、成功的事业、奋斗的精神、身心的归属时，还能为她们的子女、老公甚至家庭提供就业的平台、事业的发展并带来家庭和谐，我就感到自己的"美丽哲学"，企业的愿景"美丽一个女人、幸福一个家庭、和谐整个社会"就已经在成就他人，承担社会责任的路上插上隐形的翅膀飞翔了，而这也正是我们想要的人才观价值观——人文关怀和成就梦想的落地。

温馨如大家庭一般的氛围，使双尚形成了一种牢不可破的凝聚力，在这种凝聚力的指导之下，所有员工都找到了一个共同点，并将共同的信念，共同的追求，共同的行为准则，塑造成独具特色的企业文化，使员工们的创造性和积极性得到了最大限度的激发，让他们愿意并且乐于为企业，为自己的"家"奉献自己的力量，创造更大的价值。

幸福，忠诚是最可贵的品质

这种既享受又因为心疼而不断想要更努力的样子，我想就是当我们忠诚于自己的内心、忠诚于自己的选择、忠诚于事业时候的踏实感吧。

我强调，忠诚是企业员工必备的品质。我们只要走出去，就是自己产品的代表。我们给人能够带来一种安全放心的感觉，我们所提供的产品也会更容易让人信任；我们提供的服务是拥有质量品质的，我们所提供的产品也会让人感到品质有保障。

我们的产品观是安全健康、品质创新。产品只要问世，便是忠诚精神的载体。能够凝神专一的不断突破自己，带着热情拥有创新精神地做产品、做事业，我们便能用忠诚品质塑造更具价值的产品体系。

因此，一直以来，我都希望伙伴们能够做到四点：对企业忠诚、对行业忠诚、对客户忠诚、对选择的产品忠诚。忠诚是一种坚持，这种坚持是贫贱不移、富贵不移、威武不屈，也是对生活、对事业以及对内心纯正的执着。只有做到了"四个忠诚"，客户才会对我们忠诚。

对企业忠诚

现在，很多年轻人并不清楚忠诚对于自己的意义。每当听到别人提起"忠诚"两个字的时候，就频频摇头，甚至直呼："千万别给我洗脑！"

没有任何一个企业有义务和责任逼员工对自己忠诚。我们只会用正确的方式告诉你们唯有忠诚是对自己负责的最高体现。人生是一条漫长的旅途，在这个旅途中，你是自己唯一的司机，走哪一条路，在十字路口转向哪个方向，完全取决于你自己的选择。每个人都有权利去选择自己的生活和工作，你拥有足够的选择权，去选择一份你喜欢的工作、你心仪的公司、你尊敬的领导、你热爱的行业。但是选择了就要坚定如一，忠诚如故，否则一个毫无忠诚感的人，终将一事无成。

忠诚来自我们的内心，当你发现自己跟随着的是一个你所敬重的人，做的是自己喜欢的事情时，你的忠诚感就会油然而生。你心中崇高的敬意，是使这份忠诚感始终保鲜的良方。

如果你都不能忠诚于自己的选择，那么也不会有人忠诚于你。

忠诚不仅仅是对人的忠诚，对工作的忠诚也是一个非常重要的方面。做对的事情，我们才会尽最大的努力，充分发挥能动性。只有热爱自己的工作，带着自己的热情去参与，这份工作才能给你带来快乐、发展、财富，你才能全身心地投入其中，才会忠诚于自己的工作。

对企业忠诚简单来说就是对于自己选择的工作要真心地热爱、始终坚定地相信，并且不断地在自己的岗位上带着创新的精神，在事业乃至领域上突破自己获得佳绩。同时，我们要有着能够艰苦奋斗的精神。我常说，加入双尚的人一定要热爱美业，愿意做美的传播者。美业这条路真的很难走，凡是在这一行摸爬滚打过的人都知道，这一路要付出多少心血，要经历多少磨难。如果不是真心地热爱这一行，不是真心地喜欢这份工作，是很难坚持下去的。

因为如果一个人做的是自己根本不感兴趣的事情，他的耐心一定会慢慢地被消磨殆尽，甚至会对自己的工作产生一种"厌恶感"。

我创业时就誓言自己会为其倾注我一生的生命，并始终忠诚于这份事业。所以，伙伴们的眼中我是一个用生命托起这份事业的人。有位叫李映芝的伙伴写过这么一篇文章，名字是《成功没有轰轰烈烈，只有点点滴滴》记录了我对这份事业的热爱。

我记忆犹新的是公司产品在西昌市场第一次启动的时候。这一天，双总带着我们所有市场的老师来到西昌，并把老师分成小组，以小组为单位进行市场调查。

我非常幸运，全程都跟随着双总学习。每进一个点，都是双总亲自去沟通，出来以后让我们把这个店的详细情况记录下来。这一天，我们都不知道跑了多少家店。第一次穿着高跟鞋走了那么多路，我脚上磨起了好几个水泡。但看着双总也同样穿着高跟鞋走在前面时，自己就只好忍着。

当忙完一天，回到酒店时，双总还是精神满满地给我们开了总结会。我当时在想，难道她不会累吗？当所有老师都回到房间后，我从卫生间出来，看到双总已经在沙发上睡着了，那时我才看到她满脸的疲惫。当我叫醒她，让她回床上睡时，她起身的那一分钟，我眼眶都红了，因为我看到了她因生理期印红的裙子和双脚上的茧子。我明白了，成功没有轰轰烈烈，只有点点滴滴。

记得有一次我们在排练会议的舞蹈。这对于非专业的我们来说，既期待又忐忑。我们提前半个月放下了市场上所有的工作进行排练。这几天的练习中，双总一直胃不舒服。当天早上，她去医院里做了胃镜，打了点滴，回到公司时，脸色都在发绿。

看着这样的双总，我心里真的是满满的心疼。但双总并没有因为身体不舒服而表现在脸上，而是一直带着我们练习。那次，我一下子懂得了什么才是以身作则。

如果没有坚定的信念，就不会有成功的销售。在双总身上，做任何一件事情时，都让我们看到了这种坚定的信念。她总是在点点滴滴之中，都做到以身作则。和她相处的过程中，永远给到我们拇指教育。在这份事业上，她永远想的都是还能为大家做些什么。

树立行业标杆，改写行业历史，是双总带着我们这群人要做的事；传浩然正气，走人间正道，是双总带着我们这群人做事的风格。在这里，我愿意和双总一样，做一支蜡烛，一直永远点燃在那里的蜡烛，照亮你我前进的方向。

其实，我自己在做这些事情的时候，并不觉得这种奋力拼搏的样子是一种负担，反而非常的享受其中，并收获到一种满满的幸福感。这种幸福感就来自于我对事业的忠诚。然而，我并没有想到自己忠诚而努力的样子，竟然对她们有着如此大的影响，让我再一次感受到了身上的责任。同时，我想如果企业每一个人都能够忠诚的对待自己选择的事业，企业的发展一定是稳健并且快速的。可有时候看到她们也和我一样拼命的时候，我又会对她们的付出感到心疼，从而想为她们再多做一些。

这种既享受又因为心疼而不断想要更努力的样子，我想就是当我们忠诚于自己的内心、忠诚于自己的选择、忠诚于事业时候的踏实感吧。

对行业忠诚

现代社会的节奏比起过去已经快了很多倍。当所有人游走于不同的领域、更换不同的工作时，不自觉地就把自己置身于迷茫之中，因为选择而纠结，因为纠结而困惑，因为困惑而感到自己无所归依。我们已经忘记了内心真正的渴望是什么了，也忘记了我们从事一份职业的初心是什么，就更不用说忠诚了。

快节奏让我们越来越浮躁，也让我们对于自己的选择越来越无法坚定，并且从一而终。我们可以轻易地换一个人，也可以轻易地换一份工作，如果可以，可能我们还想更换一下父母和出生的家庭，让自己至少可以少奋斗十年。现代人都十分的聪明，绝对不会在利益这件事情上亏待自己半分。因此，当初心与利益放在天平上时，我们的心就会自觉地偏向利益所在的那一端，放弃初心。

如果我们在自己的内心中经常在面对人、面对事业时质疑初心和利益的选择，那么就永远无法成为一个拥有成就的人。当然，也有些人口中喊着忠诚的口号，实际上却在做一些选择之外的事情，把自己的时间和精力拆分得七零八碎，无法全力以赴的在行动中和事业上尽职尽责，在平凡的岗位上做出不平凡的成绩。一个人的学历低可以进修、业务差可以锻炼、能力差可以提高，但重要的是有一颗忠诚的心。

对行业忠诚则意味着干一行爱一行。能够在自己所从事的领域里一直干下去的人，对于自己的人生通常会有着更清晰的发展规划和人生理想。这会使我们拥有的人生的高度，不至于因为工作上的一些烦心事，或者困难、障碍就叫苦叫累地陷入琐碎之中，最终平庸致死。职业发展是一个长期规划的过程，它需要我们在行业里面深入纵向积累再横向延伸拓展，任何想要靠快速和高速来实现事业成就的走捷径，也许能实现自己在物质财富上的回报，却难以取代长久忠诚于事业，持续不断地拼搏和奋斗拥有的意义和价值所带来的长久幸福感。

任何一份事业，如果不能用发展的眼光带着一颗持之以恒忠诚的心去对待，那么我们所做的事情只能称之为饭碗，而不能称之为事业。无法成为事业，自然也就难以获得事业上的成就，实现人生的圆满。

对客户忠诚

我们越来越多地看到社会上，新闻里对于忠诚的宣扬，却越来越少地能够在生活里遇到对于忠诚坚定不移的人。我们对企业忠诚、对行业忠诚，但是对客户的忠诚却可能为了获得客户的满意度而走入了一种刻意讨好的误区。

客户的满意通常来说只是某一个时间段内对我们提供的服务和产品与当时期望值之间的匹配程度。它是我们对客户忠诚的表现条件之一，但是并非绝对体现。我们可能因为每次都提供给客户满意的产品和服务获得客户的忠诚，但是并不代表我们对客户是真诚用心的付出。

这一点最明显的体现就是我们在为客户服务的过程中是选择客户来付出还是一视同仁的付出。我记得有这么一个故事：

一个雨天的下午，一位老妇人走进一家百货公司。大多数服务员都没有在意这位平凡的老妇人，因为她怎么看都不像是一个有钱人，只有一位年轻的服务员很热情地上前询问，以便为她做点什么。当老妇人回答说只是进来避避雨时，那位服务员并没有表现出失望，而是为她搬来了椅子，让她坐下休息。雨停后，老妇人向服务员道谢，并要了一张名片。没想到几个月后，那位年轻的服务员收到一封信，信中要求他以合伙人的身份前往苏格兰签署装潢一整座城堡的合同。这封信正是当初那位老妇人写的，而她的真实身份是美国钢铁大王卡耐基的母亲。那位服务员由此拿到了上千万美元的订单。并一举成为了百万富翁和装潢业内的名流。

我们并不知道我们所面对的客户是谁，但是当我们忠诚于企业和行业，忠诚于自己的内心时，我们就知道凡是我们所接触的每一个人都应当是我们的客户，都应该用对这份事业的热爱对其用心和真诚。这时候，我们是在遵循自己内心产生对事业的热爱从而对客户忠诚，我们是带着热情一视同仁服务我们的客户，这样一致化的服务精神才是对客户最忠诚的表现。

所以，客户的忠诚来自始终如一、信守承诺的服务。我们怎么说的，我们就要怎么做，这种对承诺的信守，就如同孔雀十分爱惜和保护自己的羽毛一样。我们要知道自己身上的羽毛很贵，如果自己不爱惜它，最终我们就会因为羽毛脱落而成为在这个行业里"裸奔"的人。没有人会再相信你，也就没有人会再愿意让你为他服务，提供产品。销售或者服务拆分出来看，每一次就都是一个单次的短时间服务行为，但是每一次都是一次信任感的累积，每一次都是下一次销售和服务的机会，这种信任感建立本就不易，如果还不珍惜，它就会快速倒塌，再建更难。同时，这种忠诚感还应该延伸到我们的生活中，成为做人的品格。

对人我们也能做到始终如一、信守承诺的服务，我们就会因为成为一个守信的人而获得家庭的幸福、生活的美满，人格的完善。

对选择的产品忠诚

互联网消费模式的兴起后，产品开始不断以创新的姿态呈现。当营销和广告铺天盖地的时候，对于企业的品牌，客户的忠诚度就随之变得越来越模糊。而对于企业的产品，客户购买的选择性加大，忠诚度也自然出现了下滑的现象。虽然早年进入市场的品牌，较早拥有了一批稳定且忠实的客户，但还会有部分客户会继续选择其他品牌。当我们知道忠诚来自内心时，我们就知道客户选择产品的时候，忠诚于自己多过于忠诚于品牌，或者产品。

这时我们就要培养客户忠诚于自己的这种品质，并且帮助他塑造对自己的忠诚感。当客户的忠诚感是由我们建立的时候，客户反而会忠诚于我们。但前提是，我们首先要能够忠诚于自己，忠诚于自己的企业、行业和产品。我们在忠诚自我的时候才能够教会或者影响客户如何更好地忠诚于自己。

我看到美容行业中有很多跟随市场潮流和消费者需求不断变换经营产品的现象。美业老板希望通过跟风的方式不断地变换产品或品牌来经营，让客户拥有更多的选择，始终保持新鲜感。像走马灯一样的引进新产品不仅让美容师经常学习新产品而感到疲惫，也会让客户因为总是要接受新的东西而不断消费，在产品上、项目上出现同质化的现象。

当客户因此而反问时，我们又需要费尽口舌地寻找差异并且解释。一场服务下来，我们不是把精力投入在了如何给客户更好的体验，而是在说服客户上。一次产品的引进我们是在深入地研究如何让客户了解优势，如何与现有的产品组合，如何与客户已有的项目进行合理的搭配避免同质化现象的出现，如何更好地弥补现有产品或者项目结构的不足，而不是替代其他拥有相似点的产品。我们在产品选择本质上所节约的力气，最终都用在了和客户解释上，还有可能发生客户不理解、销售不理想、服务不满意以及引进投入的钱，收入甚微或者根本没有任何收获的现象。

同时，美容行业服务的特殊性又决定了客户会对人更忠诚，从而忠诚于产品、品牌和企业。当我们的客户进入到美容院时通常是由美容顾问接待的，接着由美容师提供服务。在服务的过程中，如果客户对服务满意，那么这位客户就会成为美容顾问和美容师共同维护的专属客户。

如果，美容院服务客户的美容顾问或者美容师更换了，一定程度上就会导致客户到店频率的减少伴随消费的减少。而对于厂家到美容院服务的老师，除非美容院的特别要求，一般也都会派遣固定的美容导师来为客户进行专业的指导、培训和服务。这么看来，美容行业的客户忠诚度的本质也来源于人。

因此，对选择产品的忠诚，一方面是我们在选择自己销售的产品上要忠诚，一方面是我们要用自己对产品的忠诚来影响客户，让其知道在选择产品的时候遵循忠诚原则的重要性。

客户忠诚的品质本质是要忠诚于自己。但是，多少都会因为受到外界因素的影响而变得难以保证。在这样的情况下，我们唯一能做的就是对自己的产品忠诚，把这种忠诚的精神、忠诚的品质通过行动而不是语言，做给我们客户看。只要我们坚定地做，我们就会因为自己对自己的忠诚、对产品的忠诚而影响我们的客户，带动他们发生忠诚的行为。

那么如何对选择的产品忠诚呢？我的看法就是，我们在选择产品的时候一定要擦亮眼睛。一旦选择了就要对这个产品忠诚，集中资源去推广这个产品，把这个产品努力做到最好。

我们重视客户需求，每一款产品推出前都进行了市场调查和真实需求了解。产品从策划、调研、立项、设计、材料选择、制造、使用等各环节，都有专业人员跟进。每道工序、每个细节都用心打磨，并严格按照最高标准实施。正如我们的产品观一样，我们要做到不仅要安全健康，而且要品质创新。

在我们眼里，只有对质量的精益求精、对工艺的一丝不苟、对完美的孜孜追求。

正如著名女星英格丽·褒曼曾经说过："一个女人精致的五官，只能带给人片刻的愉悦，而一个曲线玲珑的曼妙身姿却能带给人一生一世无穷无尽的遐想。"外在和内在都是同等重要的，也只有两者达到一个美丽的契合度，这个女人才会展现出最大的美丽，才会神采飞扬，引人注目。

过程里面，用"工匠精神"专注专一地打造产品，我们带着对这份事业的使命感和敬意对产品倾注的热情，让忠诚感始终保持鲜活。面对这份事业的热爱，塑造的产品最终得到客户的认可，是我们忠诚于产品的奠基石。不断地深入研究、调查、试穿，对每个细节的把控，是我们的忠诚抗衰剂。持续不断地忠诚于自己的产品，不断地打破创新，是对我们这颗忠诚之心的试金石。

因此，敬意是忠诚感的保鲜良方，热爱是忠诚的奠基石，耐心是忠诚的抗衰剂，坚持是忠诚的试金石。

当我们整个团队的内心拥有忠诚，就能够对一个人、一份工作保存敬意，拥有忠诚感：内心拥有忠诚，对于一个人、一份事业便会充满热爱；内心拥有忠诚，对于一个热爱、一份工作便会充满耐心；内心拥有忠诚，对于一个人、一份事业便会坚持到底。在产品安全健康和品质创新上，我们把忠诚当钉子，钻得越透，打得越深。

所以，我认为忠诚是最可贵的品质。无论做人还是做事，我们都要把忠诚放在第一位，忠诚是最具价值的产品。忠于产品、忠于企业、忠于事业，就是忠于自己，也是对自己命运的高度负责。也只有这样的人，才能依靠企业的平台发挥自己的才智，找到适合自己的舞台，为自己的发展创造机会，从而实现自己的价值。

幸福，给你超期待的服务

想要提供有价值的服务，就必须把心放在服务上。

服务就是为客户提供一种价值。创造令客户惊叹的服务，我们就永远不用担心客户会流失。始终心系客户，以客户为导向，重视客户体验，把客户价值放在第一位，客户至上，精益求精是我们的服务观。

所有行业未来都会往智能化发展，但终究都是为满足顾客需求而存在，因此任何行业未来都是服务业。

美业在发展初期，就明确了自身服务业的属性。那么，我们就需要思考自己如何能够在全业皆服务的情况下，让自己的服务具备竞争优势，占领市场的一席之地。

我们知道家电业中海尔的售后服务，享誉整个世界；我们知道餐饮业中海底捞的"变态"服务，让人佩服不已；我们知道科技产业华为提出，为客户服务是华为存在的唯一理由，提出给予客户终身服务的理念。然而，纵观美业，还没有出现在服务上值得大家学习的品牌榜样。这意味着美业的服务还拥有很多可为的空间，也拥有很多可以自我创造价值的地方。前提是我们必须要进行自我服务意识的提升。

美业服务，最初是以提供劳动型为主的。因此进入美业的从业者，多数文化水平不太高。当许多靠吃苦从一线打拼出来的从业者变成管理者，甚至成为老板时，他们在事业越做越大的过程中就遭遇了发展的瓶颈。首当其冲的就是服务意识的问题。

客户的意识是随着社会的快速发展而形成的，他们的健康意识开始提升，对美的追求也与日俱增。意识的提升和需求的扩大，对于美业来说是一个利好的现象，但同时也意味着竞争将更加激烈。

所有人看到了客户需求的风口，所有人也都蜂拥而至想来抢占美业的市场，分割这块蛋糕。如果美业从业者仍然还是单凭日夜不停、风雨兼程的吃苦精神去经营，便会在市场里活得很艰辛。

我在市场的十几年时间里，开心地看到很多和我同一时间从业的人，已经获得了自己奋斗的物质回报，提升了自己在美业里面的地位，拥有了一定的成就。在为她们高兴的同时我也有着自己的担忧。我发现客户的需求一直在变，并不断在提高。

她们从一开始给予单一的产品、项目和服务，只要有效果就可以满足，到现在还需要人性尊重的渴望和服务品质的提供。她们从只要经人介绍就会相信并尝试消费，到现在我们花了大力气做销售和宣传广告也未必买单。她们从对于我们专业讲解和观念的相信不疑，到现在开始质疑甚至挑战我们的专业水平。

客户的快速提升，成为我想要在这个行业生存的危机感。如今的她们，比起消费金额，更关注消费的性价比，也就是值不值。比起技术本身，更关注服务的品质。比起产品价值，更关注消费附加值。这是国家经济建设快速增长，人们的生活从小康到富裕而发生的从基本生理满足到精神需求满足的体现。

所以，我们如果要在这个行业生存，仅仅把精力聚焦在产品技术或销售业绩上，一定是不够的。我们必须带着自己的吃苦精神，在看见客户需求的变化提升的同时，要不断地提升自己在精神、智力上的修炼，才能够提高我们的服务意识水平。并且，我们还应该跑在客户前面，拥有能够预先了解她们消费需求的能力，这样我们才能做到未雨绸缪，让客户紧紧跟随。

那么服务意识到底要如何提升？我看到了很多美业同行的不同做法。

她们有的开始钻研自己的技术，从拥有自己的核心技术，与市场形成差异化。有的开始了各种对项目的策划包装，心思会花在做新项目、卖产品、做活动、搞促销上，想要让客户对自己始终保持一种意犹未尽的新鲜感，刺激她们的消费。有的会在企业内部引进大量的高知人才进行合作，加上企业内部智囊团的群策群力，创造性地制定一些不同客户的个性化服务，形成内外共谋的局势，提供与众不同的服务特色。

的确，拥有自己核心的技术是提供服务的本质，采用各种办法让客户体验产品项目服务的形式，包括提供个性化定制服务都是提升服务意识的表现，都是在服务上尽心尽力的企业，应当肯定。但我认为，做到了这些还只是狭义上的服务意识提升。要做到广义上的服务意识，应当还要从人性的角度来考量。

在美业，我们看到，很多人将自己服务的目标设定为：满足客户需求。

在他们看来，只要满足客户的需求，让客户得到预期的服务，就已经完成了自己的使命。除此之外，不用多花心思，因为客户并不会领情。但是，她们没有意识到，"客户服务"的考卷永远不会只有一百分。并且服务如果无法创造价值，客户还会因为价格的问题，和你斤斤计较。因为人性是贪婪的。

没有创造价值的服务，就是免费的服务。这就像我们去商场购物，遇见那些主动过来打招呼的服务员时，心中第一反应就是她是某个商品的促销员。这种反应所表现出来的就是免费服务给顾客无价值的假象。

它会让客户认为我们在用服务弥补项目或者产品的不足，从而让自己因为不好意思而消费。尤其我们对待客户越是刻意热情，客户就越能感受到我们的目的性，难以体会到产品本身的价值，便觉得产品越不值钱。因为人性追求稀缺。

满足客户需求的本意是好的。但是我们必须明白产品是产品的价值，服务是服务的价值。

如果我们提供服务是带着"差不多就行了""凑合"和产品配套去做的，我们提供的服务没有价值的，并且如果我们服务的过程中是抱着付出要回报的心态，那么我们服务的心态也是十分浮躁的。因为人性渴望受尊重。在党的十九大报告中，就提出要在中高端消费中培育新的增长点。这意味着个性化定制和个性化服务会成为有价值服务的趋势。

想要提供有价值的服务，就必须把心放在服务上。

有没有用心，提供的服务是什么样层次的，客户是能够体会到。而服务也不是天上掉馅饼，今天投入，明天就会有产出的事情。我们要把服务意识水平往上提升，就要提供给客户的是有价值，并且与产品有关的完整解决方案。

这样在通过产品与顾客发生价值交换的同时，服务就能产生增值的效果。它可能是客户消费客单价的提升，可能是客户带来的转介绍，可能是客户的口碑传播等等。

那么，有价值并且与产品有关的完整解决方案我认为包括：产品服务、销售服务、服务流程和售后服务。

产品服务

产品服务就源于我们提供给客户的品质。它由产品的制造工程决定。

想想我们为什么会喜欢那些大品牌的东西，愿意省吃俭用花大价钱去买他们。不仅仅是因为我们买到了产品的品质，更多的是来自所有创造这个产品背后人的服务之心。

在我们的产品从策划、调研、立项到设计、材料选择、制造、使用等各环节，都有专业人员跟进。每道工序、每个细节都用心打磨，并严格按照最高标准实施。同时如果有特殊的情况，还可以量身定制。

拥有了这些细节，才能令我们的产品能够在服务中以优异的品质率先胜出。

销售服务

销售服务取决于我们对客户需求的引领和挖掘。销售中，有需求的客户会来找我们，但很少客户能够准确描述自己的需求，并清楚知道应该如何解决需求问题，找到问题的根本。这时，我们需要走进客户的内心，去深入了解，去挖掘，才能逐渐清晰客户的真实需求，并提供解决方案。

而那些没有找到我们的客户，也是有需求的。但是，她们不知道我们能不能解决问题，并也存在对自己的需求和解决方案不明确的现象。所以，客户会选择不说也不做出选择。这时，我们需要做的就是建立与客户的信心，走进客户的内心，逐步地对客户进行需求引领后再进行需求挖掘，找到客户的真实需求，提供匹配的解决方案。

因此，我们发现客户的需求空间像一个深渊，需要不停引领，不断挖掘。但这也意味客户需求是无法完全获得满足的，更难以用某个评定标准来界定。

因为人一直会有欲望，有欲望就有需求，当一个欲望被满足后就会产生新的欲望，变成新的需求。这也就如同一个目标达成后，还会有新的、更高的目标要去挑战一样。

并且，需求的满足属于感觉的体验。每个人对于同一件事物的感受程度不同，会带来需求满足的理解差异。除了客户需求受到了强烈不满足的感受体验外，多数客户会选择不表达自己的不满意程度和体验感受。而我们感觉满足的地方，可能会是我们当时给客户提供的一个产品，做的一个护理，一次服务的完成度。我们按部就班地完成了，就觉得客户应该满足了，我们觉得流程没有失误，时间把控得很好，客户就应该满足了。其实这些满足，只停留在我们的想象层面，而并不是客户层面。

为了说明客户需求满足的理解差异，我们来看这样一个故事：

有个渔夫，每天可以打捞非常多的鱼回家，除了拿去卖以外，还会拿一些回家交给妻子烹饪。妻子每次拿到鱼，都把鱼头和鱼尾砍下来，简单烹饪留给自己吃。而把鱼身的部分单独拿出来进行精心的烹饪。就这么，三十年过去了，妻子都是这么在家给丈夫煮鱼吃的，直到有一天，丈夫说："我想我应该要和你说一下煮鱼的事情，你能不能把我每次拿回来的鱼，鱼头的部分给我吃。因为我最爱吃的就是鱼头。"而妻子却说："你最喜欢吃鱼头吗？可我认为鱼身上的肉才是最好吃的呢，所以我每次都是把鱼头留给自己，而鱼身给了你！"丈夫对妻子说这句话的时候，两人已经到了迟暮之年，丈夫觉得如果再不说，可能这个事情，妻子这一辈子都不会知道，而自己打鱼一辈子都无法吃到自己喜欢的鱼头。当两人把话说出来的时候，才知道，双方都是在用自己以为的方式来满足对方的需求，而这一个以为的误会一发生就是几十年。

这个故事告诉我们，人们对于需求满足的理解存在思维定式。这种思维定式就是从重复的习惯而来。当重复习惯变成了一种自动反应时，就会产生自然而然的想法和行为。这个想法会组成我们的价值观，接着形成自己对于这件事情的看法和判断。说到服务上就是，我们如果把为客户提供的服务变成了单纯、机械式流程化的重复性操作，我们一定无法满足客户真实的内心需求。

客户的需求除了产品、服务流程的完成，还有人与人之间心的交流，心与心能量传递之间带来的需求满足。这种服务，看起来无形，但却是最贵也最有价值。

我就看到过很多客户，在选择美容项目服务上会明确提出不要做有仪器的项目。而她们给出的理由就是，仪器就是一块铁，通上电，她们确实效果好，但是冷冰冰的，她不喜欢。我也看到过一些客户，每次服务的时候都会找指定的人员为其服务，因为她们不用说，对方就已经懂得了自己要什么，并且因为熟悉，看到了理解自己的人，在做服务的时候，也会特别的放松，给护理的效果增添到了作用。

当我们与客户之间能够开通带心的服务，我们的产品、项目就是带心的。这种心，就是忠诚心产生爱屋及乌的结果。反之，我们无法投入，无法尽心，即便尽力了，客户也会因此掉头就走，忠诚度随之下降。就像我们会同情有苦劳的人，但是却不会任用一个只有苦劳却不能把苦劳和心劳融合一起创造价值的人。

我们在销售服务上满足客户的需求，首先要做的就是提供符合客户需求的产品，并让客户认可产品的品质、效果和价值。其次，我们还要协助客户对于自己未知需求的开发。客户对自我需求的提升从而和我们产生价值交换，发生消费购买的过程，并得到配套的服务和解决方案。

这时候，我们在产品销售中的服务过程是本着与客户共同成长为目标的。我们带给客户正确的美丽理念，正确的美丽价值观，当客户在这个过程中因为自身获得成长而产生新的消费需求时，我们的服务就不仅仅是满足于她的需求，而是帮助她实现她的最高需求。这样的服务就是给予客户超期待的服务。

我们带着超越满分期待的 120 分的努力去服务，始终自问："我还能为客户实现什么未知的需求满足？"并在与客户交流之间找到答案。这样我们与客户之间就会有更多情感链接的机会，有更多服务的机会，也会有感动的来源，共同与客户一起浇筑对美丽事业、行业的热爱。而在给予客户超期待服务上，我的个人方法是：

方法一：爱我们的客户

爱我们的客户，不要把与客户之间的关系定义为单纯的买卖与服务的关系。用真诚、理解和友善的方式与它们打交道，努力做她们的良师益友。

方法二：帮助客户认识自己、认识我们、认识美业

客户最开始与我们打交道，是因为她们当时的某种需求。为客户服务，在服务前、中、后，我们都要抓住与客户交流的机会，让客户在表达自己需求的同时，认识自己，同时了解我们。在相互了解的过程中，我们逐渐用自己的方式，给予客户专业的产品和项目推荐，并提供给专业的引导和超出期待的配套服务，满足她们的最高需求。这样客户会带着感恩之心，与我们一步步建立信任，随之带来满意度和忠诚度。

方法三：充分尊敬竞争对手

任何一个行业都要靠大家一起来做。尊敬竞争对手，就是不要排斥同行，并且谦虚地了解和学习。这时，我们再给客户提供服务时，客户就会认可我们的专业。而我们了解彼此的优劣势后，也能帮助客户做出最明智的决策。竞争对手的优势，是我们需要不断提升和学习的地方，而竞争对手的不足之处，也是我们时刻要提醒自己并且引此为鉴的地方。不做井底之蛙，被人抓起来放在温水里面煮还怡然自乐，充分尊敬竞争对手，也是我们对自己的事业保有忠诚，持续用心的体现。这不仅能令我们站在更高纬度之上俯瞰整个行业、了解和观察与之相关

的一切，还能丰富我们的知识底蕴和专业内涵，拓宽我们的事业格局。

方法四：成为专家

卓越的人从来都不会停止自我成长的步伐，在美业也一样。不断学习、不断研究，使自己不仅能够对专业内的本职工作应对自如，还能够始终跟上市场的变化，洞察行业的动态，嗅觉商业的趋势，才能拥有应对不同客户的谈话资本，成为一个用知识来获得资本的"知本家"。这时候，我们给客户提供的信息是更全面、更前沿的也是更真实的，在遇到问题时，我们不仅能够帮助客户轻而易举地解决问题，也能拥有轻松地应对难题以外的能力，此时我们就能够和客户建立起足够的信任感，从而转化成为忠诚度。

方法五：一次服务，终生服务

我们服务的每一个客户，把她们都当作是我们终身服务的对象。交易的完成不能代表服务的完成，而是新的服务的开始。我们必须寻找一切机会来为客户服务，即使客户的需求有时候与我们的产品无关，我们也要坚持这么做。这种被我们称作额外的服务，会引发良性的连锁反应；客户会因为这样的服务时常想起我们、不知不觉依赖我们。这种服务所产生的能量，可能会远远超过一次交易服务的能量，累积起来，你就会拥有源源不断的回头客。这时，新客户会变成老客户，老客户会变成忠诚客户。

所以，我们能够用专注、极致的心态去打造一个产品，我们就应当继续用这种专注和极致的心态来打磨我们超期待的服务水平。我始终强调一句话就是，客户是用腿来说话的。当你不在乎她们的时候，当你不能够陪伴客户成长的时候，你拥有再好的产品，她们也会毫不犹豫地离你而去。

美业人的服务永远没有一百分的，也因此永远有着巨大的进步空间。如果我们只是止步于满足客户当下期望的需求，客户对你也就只停留于满足于她已知需求的忠诚度上。

服务流程

服务流程旨在简化和便捷。它有利于我们在服务流程之外拥有创造性服务的发挥。

每一个服务的流程都应当是进行设计过的。这样我们才能够给客户提供标准化的服务流程，为创造超期待的服务提供发挥的空间。

服务流程设计的标准是在技术操作和项目服务步骤上尽可能的简化和便捷，而不是在服务沟通和销售中。因为我们是要在服务时提供给客户超期待服务惊喜的。大家喜欢海底捞的服务，是因为她们提供给了我们许多想不到的事情，比如在等候时有瓜子、有跳棋、有美甲，这一开始我们是想不到的，但这的确是设计出来的。但是，本质上我们更喜欢的是员工服务提供给我们的惊喜，这些不在服务流程设计中。

这些不在服务流程设计中的发挥创造是需要员工花时间和心思去想象的，并带着对这份事业的热爱用心去付出。为了，能够让她们可以有充分的空间和时间去做这些事情，我们就要把能够简化和便捷的流程设计成标准。这就像在海底捞吃火锅从等位、入座到点餐、买单的流程操作是非常简单和快捷的一样。

在美业的服务中，重复最多的就是操作的技术。制定统一的技术培训标准，我们就能够快速复制提供统一操作的人才。另外一个需要制定标准流程的就是每个项目疗程的操作步骤。把每个项目的步骤设定好标准流程，并且在调理配套中，对客户在什么时间要进行的配合，有着标准的制定，就能够在保证产品服务效果的同时提升从业者的职业化操作和专业化提升。从而我们才有更多的时间和精力来为客户提供服务惊喜。

售后服务

售后服务才是拥有持续服务机会的开始，服务整体方案中的关键。

准确来说售后服务应把它当作售前服务来做。它不是纯粹的一次服务之后的跟踪和回访，还应当成为下一次服务开始的准备工作。我们在产品服务、销售服务和服务流程上的每个环节都可以通过售后服务的反馈带来高效快速的改进。同时，也能够因为售后服务的到位提前做好每个环节的准备工作。

产品服务、销售服务、服务流程和售后服务这些与产品相配套的解决方案，可以更好地满足我们给客户提供超期待的服务。未来所有的行业都将是服务业，未来所有从业者也都将是服务员。从业者通过忠诚的品质能够获得幸福感，而客户可以通过服务体验到幸福感，进而带来客户的忠诚，增强我们对于事业的热爱程度和责任感。而客户会因为忠诚而产生源源不断的客户转介绍。

当客户成为我们的口碑传播者，为我们的产品和服务转介绍时，她们也会成为我们美丽内外兼修理念和美丽哲学的传播者，让我们的事业价值被更多的人所了解、认同并愿意参与进来成为美业的一分子。客户会成为品牌的代言人，这是不需要企业任何额外投入，但却最具价值的广告。

　　我希望我们的服务未来能成为美业的"海底捞"。客户至上，精益求精就是我们的服务观。因此，对于服务，我们不会只追求"100分"，而是120+。只要能更用心的为客户提供她们意想不到的精致服务，并创造出令客户惊叹的服务特色，我们就不用担心人的离开，不用担心客户的流失，因为别人有的我们也有，别人没有的我们有。

第三章

和谐整个社会

　　人类追求社会和谐，企业与社会是共生关系。有竞争力的企业能促进社会和谐，成为品牌的企业能助力社会和谐。品牌有信仰，公司有力量，团队有希望，社会有和谐。

和谐，关乎于每一个"我"

清晰自己的定位本质就是塑造品牌价值，清晰
自己的定位就能给美业生态链输送健康发展的营养。

创立一个企业，塑造一个品牌，品牌就应该像人一样具有个性的形象，我称之为品牌形象。品牌形象是建立我们与客户联系的重要途径，通常情况下包括企业的商号、商标、商品、企业服务、企业活动和企业文化等。如果客户通过这些途径可以立刻联想到我们，说明我们已经占有客户的心智，并获得了占领市场的先机。但是，想要塑造良好的品牌形象，企业就必须认清"我是谁"，具体来说，就是企业应当明确自己在市场中扮演什么角色！

我先来说一个故事：

　　日本的苹果栽培史有着120年的历史，在这段历史中很多人都在尝试无农药、无肥料的栽培，最终都以失败告终。而巧合的是放弃的时间都是在尝试的四五年后。但是，有一个人他成功了，他一个人像傻瓜一样的苦撑，在停止使用农药的第八年开出的七朵苹果花中只有两朵结了果。在第九年苹果树上全部开满苹果花后，在第十一年他的果园终于获得了大丰收，成为市场上最畅销的品牌。他就是木村秋则。木村秋则的苹果现在想要吃到，在法国餐厅要提前三个月预定，如果要吃新鲜的，就得提前一年。而他的苹果更神奇的地方是放到两年都只会干瘪而不会烂。那么他是如何做到的呢？

　　1949年出生在苹果产地青森县的木村秋则原来并不打算从事农业，却在22岁那年遇到果农家的美千子，他们婚后一起开始了经营果园的生活。在他阅读了《自然农法》之后突发奇想：为什么不能种出不施农药、化肥的苹果呢？当他想到时，他就开始做了。却没有想到，这条路竟然如此艰难。

　　他在自己种植的苹果树上停止使用农药以后，害虫们接二连三地跑了出来，果树们全都变成了"虫子树"，枝干上全都长满了各种害虫的幼虫。木村秋则带着家人们不分昼夜地在果园里抓害虫，却怎么抓也抓不完。苹果树们被害虫咬得惨不忍睹，很多都得了斑点落叶病，布满虫眼的树叶一片片掉落。苹果树既不开花，也不结果，一年下来，木村秋则的收成为零。

木村秋则种植苹果就像我们创业时兴致勃勃拿到一个好产品，好点子，拥有资金就想要大干一场的样子。可真干起来时，才发现困难和障碍让创业的路走得十分艰辛。付出不一定有回报，可能还会负债经营。

苹果园的惨状让木村秋则一家的生活陷入了窘迫之中。家人们全都劝他停止这种荒谬的尝试，但木村秋则却固执地坚持下去，父母亲甚至都与他断绝了关系。

为了继续种植果树，木村秋则不得不变卖家产，到处借贷。但他始终没有轻言放弃，他的脑子里每天都在想：到底怎样才能改变这种情况？想不出来的时候他就默默地站在苹果树旁，对它们自言自语："都是我不好，让你们受这么多苦。我不要求你们开花，也不要求你们结果，主要你们别枯掉就可以了。"

邻居们对他十分不满，因为他的果树上长满了虫，有些害虫就爬到了他们的果园里，害得他们的苹果也长不好。村子里的人都在背后笑话他，说他中了邪，还给他起了一个外号叫"灭灶"。连炉灶都灭火了，就意味着这个家已经支离破碎，难以为继了。谁能忍受这样的侮辱呢？

虽然木村秋则想尽了方法，投入了自己的全部心力，但苹果树们还是越来越枯萎。绝望之中，木村秋则甚至想通过自杀来获得解脱。但就在那一瞬间，野生的栲树出现在他的视野里。

他看到榉树生长得茁壮，信心再次涌上了他的心头；榉树可以，苹果树也一定行。于是他放弃了自杀的想法，重新开始了尝试。

木村秋则的这段经历，让我想起自己创业时经历的酸甜苦辣，世态炎凉和人心险恶。但我发现，这让我开始明白我是谁？我要什么？我要去哪里？当时的我不愿向现实低头，带着坚定的信念和不服输的劲头，于是我开始创业，改变命运。这过程就像杨新明老师说的："是改变，改变了命运。"

命运的改变从明白我是谁开始，命运的转折从坚守初心启航。打破自己的局限，抛弃他人的眼光，把自己的角色扮演好，把企业的角色扮演好，我就走上了自己创造的命运之路。

木村秋则开始尝试在苹果树下种植杂草，让小昆虫、小动物自由地在果园里出入，让这些植物们和动物们去建立一个完整的生态系统。他还在果园里种植大豆，用大豆的根部和根瘤菌来提高土壤中氮的含量，为苹果树提供天然的养分。他还用自己调配的醋来代替农药杀虫。才有了最终开头故事的丰收场景和畅销成果。

故事到这里结束了，双尚的故事到这里才刚刚开始。木村秋则做果园尝试改变种植方法，从失败到成功再到建立完整的生态系统最终在苹果市场上收获了硕果。就是双尚希望树立自己的品牌形象，在行业中明确我是谁的角色定位后，构建美业生态系统，实现在美业树立行业标杆，改写行业历史的硕果。

木村秋则改变种植方法后，没有人相信他，甚至还有人埋怨；整个种植行业都没有人想要像他这么做或者坚持下去，甚至还嘲笑他；整个果园的生态链从来都没有建立，也没有人想要去建立，然而他却做了。这如同我愿意站出来承担树立行业标杆，改写行业历史的责任，不畏人言，始终坚持一样。

所以，木村秋则最终成功了，在遵循自己的选择同时，带着坚定的信念，主动构建了整个生态系统。那么，我也会和木村秋则一样"傻傻"地坚持，塑造好自己的品牌形象，扮演好自己的角色，主动构建美业的生态系统，收获最终的硕果。

在美业的领域中，任何一个企业的存在，都与美业形成了一个命运共同体。我们承担着自己企业的使命和责任，理应承担美业乃至社会、国家的使命和责任。

所以，我们必须找到我是谁的角色定位。

清晰自己的定位本质就是塑造品牌价值，清晰自己的定位就能给美业生态链输送健康发展的营养。如果再拥有市场政策、经济政策和政府调控良好的营商环境，我们就能在自己构建的生态系统中，实现美业的和谐发展，同业之间的共生共荣。

那么，美业的角色有哪些呢？我分成了五种，接下来一一说明。

角色一：经营者

·专业制胜，责任共担

每一个美业人的初衷都是想提供一个平台，让爱美的人变美，这也是所有美业人的使命。让客户轻松愉悦地享受美，这样的初心和发心都是好的，但是，因为这个行业还不太规范，她们此时去创业就会在经营过程中遇到很多困难，例如不会管理团队，不知道如何留住客户，没有选对适合自己经营的品牌，并且在创业和经营过程中会出现许多其他不必要的问题，承担很多不必要的责任。

当问题和困难出现的时候，很多经营者往往病急乱投医，找不到好的解决方案。别人所给的解决方法在这里却不一定适用，不但没解决问题反而制造出更多的问题，在小问题上用错解决方法，最终导致问题越来越大难以补救。这些问题就显示出行业缺乏同业公会，没有行业标准的缺点。

我有这么一位客户，她是一家美容院的经营者。她抱着想将美传播给每一位爱美人的想法和服务宗旨经营了一家美容院，可现实却事与愿违。经营中，因为管理不当，美容院资金周转一度陷入紧张状态。每天她都因房租、员工工资等问题而忧心忡忡、焦虑万分，迫切寻找办法解决现金问题。压力越大、脾气越大，病急就会乱投医。

当她不断寻找解决办法时，听到某牌子化妆品不错，二话不说就引进产品进行销售。刚开始，生意的确产生了好转现象，便让经营者觉得找对了方向，但随着时间加长，客人购买尤其复购情况非常不理想，她才发现，产品因为新鲜，最初会有老客户购买，但新鲜劲一过，产品本身缺少说服力，或者没有在美容院中设定好定位，以及正确的观念引导，很难撑起美容院的长久经营。可想而知，这个产品最终对经营者的拯救以失败告终。

即便如此，这位经营者也没静下心来好好思考根本原因，以及重新规划项目整合。而是继续全身心投入在尝试拓展新品牌上，乐此不疲。久而久之，这些举措不但没有改进美容院的经营现状，反而爆发了更多的新问题。客户因为没有持续稳定的项目和产品对其失去了信心，流失严重。而美容师因为频繁学习更换的项目和新品，加上客户的不信任让其邀约工作变得吃力而感到工作发展难以成长，纷纷离职。当客户抱怨、美容师不理解时，这位经营者也感到很委屈，她觉得她把自己认为最好的都给了客户和员工，居然得到这样的结果。大家就在这种相互抱怨，相互委屈的状态下，甘当受害者。

其实，出现这些问题就在于经营者缺少美业经营管理的敬业精神，只把经营当生意而非当事业。

相关资料显示，在美国等发达国家，基础美容美发教育的标准为 1600 个学时；在日本，美容美发从业人员要经过 3 年严格培训，考取登记证书后才能上岗就业。而在我国，相关标准要低得多，绝大多数的美容院老板没有接受过专业、系统的培训，不具备经营管理能力，也不懂经营规划，更谈不上店铺营销与市场运作了。老板的知识匮乏目光短浅，缺乏专业知识和管理水平，怎么能够把事业做好做大呢？

角色二：供应商 / 经销商
·不仅做中国制造，更要做中国创造

目前，客户需求量日益增大，产品要求日益提高。着眼现在，为了满足客户现有需求我们必须精益求精地研发产品；放眼未来，为了长久的生存和发展，我们必须挖掘客户的潜在需求不断创新。随着国家繁荣富强，科技和信息迅猛发展，生产商、研发者在市场推动下对于产生什么样的产品有了更加明确的思路，生产的产品也越来越能满足客户的需求，彰显了新时代的工匠精神。

供应商有时候常常把自己定位成美业生态链中最微不足道的位置，但在我看来供应商的角色反而应该被重视。因为供

应商自我认知的高度决定了美业能提供给客户的品质和品牌信任度。因为供应商角色的定位准确决定了美业整体品牌形象的呈现。

经营者可以在挖掘客户需求的同时，积极主动地与供应商们传递和迸发的创新观点。供应商也可以在生产和研发的过程中主动积极的与经营者们共同商讨和开发。

在市场的竞争中，我们不仅和外界品牌竞争，更要和过去的自己竞争，让事业信念不断增强获得市场认可。鸡蛋从外打破是食物，从内突破是生命。供应商不应是美业生态链上的食物，任人吃食，而应当成为这条生态链上生命力永续的关键动力。

我们在研发自己的系列产品时，每一款产品推出前都要进行了市场调查和真实需求了解。产品从策划、调研、立项到设计、材料选择、制造、使用等各环节，都有专业人员跟进。每道工序、每个细节都用心打磨，并严格按照最高标准实施。因为我们的产品观要求，我们不仅要做到安全健康，而且要品质创新。

供应商同为美业中美丽的使者。供应商的使命与经营者们应当是一样的。经营者的终端客户，也是供应商的终端客户。所以，我们对美业的意识和自我角色不是在最末端，而应当在最前端。如此一来，美业的品牌，不仅仅有美容机构的品牌，还可以有自主的产品品牌。

我们是创造美丽的生产者。供应商们可以与我们共同追求内外兼修的理念和"美丽一个女人，幸福一个家庭，和谐整个社会"的愿景。当供应商能够和经营者甚至和客户共结连理时，就能更好地获得彼此价值的稳步提升。

中国是一个制造业大国，更是供应链强国。在过去，我们没有属于自己产品的版权，只能从事简单的生产和加工工作，所提供的也只是劳动力而非知识、智慧和脑力。Made in China（中国制造）我们应给自己的产品注入生命和使命，让自己的产品通过自主设计、自主研发占领市场的一席之地。

从中国制造到中国创造，国家已经在不断为我们提供扶持政策，营造良好的投资环境作为保障了，那么我们自己也应当积极响应并乘坐好这艘船，一起扬帆起航，走上创造的道路，担负起激活美业生态链上所有企业生命力的责任，使中国拥有自己的美业品牌，并且走出国门，走向世界。

角色三：美容师 / 从业者

·从业者有使命，行业有价值

行业价值是由从业者的使命感塑造。具体说来，就是从业者对于自身专业的不断充实和自信度，决定了这个行业对外拥有了的整体价值水平和自信高度。

美容师／从业者的自我成长和主动受教育是美业服务者角色的改变。面对职业我们必须心中拥有使命感来驱动自我成长能够高于、快于客户。

我们曾有一位客户是名交通女警。因为工作性质特殊，她不得不每天与骄阳为伴、与风雨为友，长期在室外风吹日晒，导致她的皮肤粗糙、爆皮、肤色暗沉黝黑。

爱美之心人皆有之，即便是交通女警这种看起来十分阳刚的职业，也无法阻挡她对美的追求。当她每次照镜子看到日益憔悴的脸时，心中有种不忍的心酸。于是，在朋友推荐下，开始尝试一家美容院的补水、美白护理，希望找回自己娇嫩的皮肤，让自己重新美丽起来。

她的美容师是这家美容院的星级宝贝，对于客户服务一直都是尽职尽责，并且深受客户好评。因此，在为这位客户服务时，这位美容师也十分尽心竭力，力求以专业手法带给客户完美的体验。然而，一套产品使用下来之后，客户却发现皮肤没有得到明显改善，体验效果也不如当初说的那样，便开始对美容师产生怀疑，开始不信任她，也不相信美容院，更觉得自己花了冤枉钱。

与此同时，被客户质疑的美容师，无法找到合理办法，感到束手无策。她觉得不能直接告诉客户护理效果不但与护理有关，也与其工作性质有关，因为这看起来像在推脱责任，又十分想把日常护理皮肤状态的保持就是效果体现的观念传递给客户，却担心这样并不能解决客户对日常护理的过高期望值。左思右想，美容师在专业上不够自信，令客户忽略了效果期待值和其职业特殊性的关系，将责任怪罪给美容院。

当专业造成沟通障碍时，美容师的服务因此受到了影响，直接造成美容院客户流失、口碑下滑。这是因为双方价值观没有形成一致，导致了客源流失、信誉受损，甚至经营失败。

一个优秀美容师的双手仿佛天使双手一般，她勤学苦练如何用双手让美丽高飞，她的手可以感知体温，你的身体哪里气血不畅、有结节、有肿块、有增生，美容师的手都知道。她们的手可以做到骨缝、穴位渗透、排寒、排湿、排风。这些只有美容师的手能感觉到、能做到，机器是做不到的。美容师的手还可以通过你身体反应，感受到经络的淤堵，进行针对调理。她的双手在每一个爱美的客户身上艺术般游走，让他们感受到一种安全感、舒适感，给客户舒缓减压，甚至是给予客户身心放松的寄托。

但是，在现阶段美容业发展过程中，由于行业中缺乏专业培训机构和考核标准，导致美容师没有环境和条件深造，所以在工作中就欠缺给客户进行心理指导的专业能力素养。而过度的广告宣传和效果保障，客户就会盲目依赖美容师的手，并认为"不健康、不美丽"的都可以借助这双手把它拿掉。

当客户过度依赖，而美容师的心有余而专业能力和综合素养不足时，客户便会开始对项目产生怀疑，对消费价值产生怀疑。而美容师也会因为她没有办法安全地帮到、开导和引导客户，令自己更加痛苦无措，最终与客户产生沟通障碍。

这时，对于从业者，我们就要在行业标准和学习体系不完善的情况之下，能够通过对自己成长的要求来帮助自己获得专业自信，提升自己的价值。而对于企业来说，企业学校化，职业才会走向专业化。制定专业考核标准，让美容师有环境学习和深造、鼓励美容师定期按层级坚持学习和考核，力求在服务上给予客户从心理到专业的指导，并学会让美容师／从业者拥有与客户达成价值观统一的能力，才能让美容师／从业者对于职业发展前景有着更好的憧憬。

2019 年 10 月 30 日，我们的年度美容师大会在昆明举行。这次大会以"为客户的美丽保驾护航"为主题，同时也是"全民健身计划""健康中国"推广大会。我们给合作机构的1700 名美容师进行了一次健康向上生活理念传递和美丽内外兼修的精神升华。

通过活动举办，让美容师们成为自己未来客户的样子，在塑造自信同时也把这种自信传递给客户中，为客户保驾护航。当她们在舞台上演讲、表演以及在自信风采上专业和服装的展示后，她们的内心便会坚定认可和相信这份事业，同时也因为亲身体验到了这种力量的无限，在工作中更加感同身受去传递美丽内外兼修的理念。我们把每个美容师都当客户精心呵护、细心培养，美容师就会为每个客户用心服务、贴心付出。

这过程就是我们与美容师、与客户价值观达成统一的体验，也是我们以不同的学习方式孕育更多美业经营人才的表现。我们要让从业者们带着专业和自信，充满信念坚定地走在这条事业大道上，实现自己的人生意义和价值。

角色四：客户

·主动成长，主动学习，才能拥有选择权

有人说，客户是服务对象，也有人说，当美业出现问题时客户是最直接的受害者。但是，在我们看来，对于美业的发展与完善，客户也不能置身事外，只满足做一个旁观者，而是应当承担起自己的责任。

很多客户为了虚荣、盲目追赶潮流，追求时尚，追求美，却忽略了真正的美。她们没有意识到真正的美丽是由内而外的。美不只在身体上，更是美在心里，只有通过内外兼修，才能实现。正因为如此，很多人虽然花费了大量的金钱，却没有精力去全程参与、体验、感受塑造美的过程。这样单一靠金钱的投

资，是很难获得真正价值的。

故事一：这是一位受雀斑严重困扰的客户

她在选择一家美容医院治疗的时候，单凭对医院的信任和资质，就交钱了，并接受了持续的治疗。因为治疗的配合，治疗效果十分显著，同时她的朋友也获得了同样满意的效果。然而，就在治疗结束后，医生强调想要维持和维护疗效，就要按照医生所说的方法用心护理，否则可能会复发。但这位客户，认为治疗完成就万事大吉，可以一劳永逸，把医生的叮嘱抛诸脑后。

这位客户，是一位情绪波动很大，容易因小事而大动干戈的人。对于医生叮嘱的忽视，加之情绪的影响，没多长时间，刚治疗好的雀斑就在她脸上"卷土重来"了。

这时，她紧张极了，认为是医院的问题。不仅要责怪医院，还觉得自己花的钱浪费了。但是，她的闺蜜却没有出现复发的情况，反而气色越来越好。并且在医院治愈的所有案例中，也唯有她是例外。

医生首先对她的情绪进行了安抚，待平静下来后，她把自己在治疗后的生活情况与医生进行了交流，这才发现客户对于治疗的最初意识就是认为，治疗就是医生的事情，与自己无关。并且，自己是掏钱的客户，治好是医生应该的，治不好就是医生的责任，自己无须承担任何责任。带着这样的意识，再看待客户在治疗后对自己情绪不加管控、对医生嘱咐不遵循的表现，就找到了复发的根本原因。加之，她的日常生活也非常不规律、从来没有从体质到性格上对自己做过真实的了解和想要改变的想法。

这种现象，在美业中尤其是治疗型项目上发生的案例非常多。当所有的客户对治疗需要达到的配合，包括作息、饮食等无法做到自我约束，并且缺少在意识上的改变动力，经营者在开展这些项目的时候是十分吃力的，因此很多经营者会拒绝操作这样的项目，减少在这种项目上投诉而产生的经营风险。可是，经营者不经营这类型的项目，客户还是会有需求，那么客户可以选择的范围就越来越少了。在这个层面上，从客户角度来说其实是客户自己的改变意识不成长导致的结果，最终自己成为受害者。

当然，有使命感的经营者，遇到这种现象也会努力帮助客户一起成长。就像这家医院一样，在这件事情发生后，作为同类治疗项目唯一的一个特殊案例，她们没有放弃这位客户，并采取了积极的教育。从投诉中找到机会，把客户不正确的意识修正过来，耐心地陪伴。之后，医生还发现了客户身上小叶增生的问题，逐渐用专业再次获得了客户信任，也让客户有了一次为自己承担责任并且成长的机会。

之后这位客户表示一定配合医生，发现雀斑复发的根源同时根治。当客户和医生达成了共同意识后，医生根据她的实际情况制定了专业的治疗和护理方案，而这位客户从护肤方法到相关知识的学习，不断付出时间和精力。通过共同努力，这位客户最终彻底摆脱了雀斑的困扰，治好了小叶增生，还学会了调节自己的情绪。

从这位客户身上，我们看到了客户与医生价值观统一事半功倍的结果，而这也来自客户主动成长、主动学习后选择让自己更好的体现。当美的观念意识成长了，改变是快速和巨大的。

故事二：这是一个渴望改善自己身材的客户

她经过朋友介绍来到美容院进行身材打造。经过沟通，专业形体设计师为她量身定制了六个疗程的身材管理器，并约定好了每周周末进行专业调拨和守法配合。在客户和美容院达成目标统一后，第一个月配合得非常好。客户的体重、身形都获得了明显的变化，彼此都惊讶和兴奋。兴奋期永远是短暂的，一个月后，一切发生了改变。

这位客户开始不按照约定的时间到店，即使是美容院三番五次的电话预约，她也不接电话同时百般推脱。总之，就是想尽一切办法不配合。好不容易，坚持总算初见成效。客户不忍总是拒绝，便答应了来店。为了知道问题的来源和真相，我们十分珍惜这次机会，努力与客户进行沟通，而结果也让我们深思。

一开始，客户就是不愿意说真相。但因为自己心中也有着疑问，加上我们努力真诚地沟通，终于她说了这样一个原因。客户说，她平时经常会和两三个姐妹们一起打牌。有一天，她牌运非常好。在连赢了几局后，中场休息的时间去了趟卫生间，在卫生间她按照身材管理的要求顺便做身形调拨，因此花费比较长的时间，让牌桌上不知情的姐妹们等了很久。这个等待，让牌桌上的姐妹很不耐烦，甚至误以为她赢了牌就想开溜，便在言语上对她冷嘲热讽。都是姐妹，客户自然想说明原因。可不说还好，越说越乱。姐妹们不仅不理解，反而变本加厉地讽刺。

如果我们自己的内心坚定，对于自己美丽的追求有着足够的认知和较强的自我意识，就不会被她人所影响。很遗憾，这位顾客被姐妹们的语言攻陷了。

一开始客户想要解释试图让姐妹们了解，最后说不过，内心也不够强大，加上不想影响姐妹们之间的感情，便停止了争辩。嘴上的争辩停止了，内心的争辩才刚开始。这位客户开始在内心认同姐妹们的话，并且开始觉得她们说得有道理，甚至于把吵架的罪魁祸首变成让她进行身材管理的美容院，带着这样的情绪，越想越认同，越认同就越气愤，负能量开始爆发，客户开始认定自己可能是上当了，接着"牌运"开始变差，接连输牌后回家还和老公吵了一大架。最后，就演变成了不接电话、拒绝到店。

其实，当客户愿意把这些事情说给我们听的时候，我们内心是感恩的。这说明客户自身也拥有疑惑，并且对我们拥有信任。这位客户在美容院接受身材调整只有一个月的时间，从她的讲述来说，可以确定她在她接触的群体和层面中应当是第一个开始想要自我成长和改变的人。所以，她是带着摸索状态和半信半疑的信任开始疗程的。一个月中每周到店的次数可能只有四次，她能与正确的理念和方式接触的机会很少，所以一定会产生被外界影响和干扰的现象。这是内心不坚定，意识摇摆的体现。

但是，客户改变的意愿会让其拥有主动学习、主动成长的选择权。这时我们就要为客户建立信心，让客户能够认识到自己过去的局限，跳出原有的舒适区，拥有坚定的内心，树立自己的美丽信仰。我们与客户一点点地消除误会，逐渐启动她的疗程计划，最终还是让她实现了身材蜕变，收获了众人眼里年轻十岁的评价和羡慕的眼光。

我们应该永远记得单纯依靠金钱的投资，的确可以获得快速的美丽，实现美丽的跳级。但是，时间和精力的投入，花心思参与到美丽内涵的学习中，才会拥有真正的美。

同时，客户是他人，也会是我们自己。我们与客户共同主动成长，主动学习，用足够的知识，帮助客户进行选择，我们就会在客户心中更具专业的话语权和主动权，拥有内心的力量。这时的美丽，就是内外兼修。

角色五：传播者

·拥抱变化，永葆热情

这是一个变化的时代，所有人都是自媒体，所有人也都是传播者。这个世界总是在变，而永远不会变的就是传播者对人和事业热爱的热情。

对于我们美业人来说，经营者、供应商／经销商、美容师／从业者、客户就是健康与美丽的传播者，她们将技能、专业、理念、文化、思想传播给需要的人，传播的过程就是在播种希望、播种幸福。希望这些传播者就像教师一样，如流泪的蜡烛一样毫无吝啬地燃烧自己，发出全部的光和热；如吐丝不为自己做茧的春蚕一样，无私奉献、默默耕耘；如同一盏指路明灯，在黑暗中指引迷途者前行。

美业的经营者和从业者，多数出身都来自贫苦的地方。这决定了我们都有着一种刻苦耐劳、敢拼敢干的不服输劲头，无论遇到了什么艰难困苦、都不会放弃，希望投入自己的全部力量、全部心血、全部时间把它发展得越来越好，无怨无悔把美丽事业当作使命去传播。

但美业逐渐发展时，也有越来越多的高知群体开始加入其中。她们为美业带来了新一轮的思想洗礼。这不仅仅是美业被更多人群所认可的表现，也说明美业是一个具有前景发展行业的体现。我们不仅有体力、有热情、有使命还会有思想、有智慧、有追求。

我从事了美业二十多年，在我的前面还有很多前辈，在我的后面还有很多的年轻人，当我不断地奔走在各个市场，去接触和了解客户，去发现其中潜藏的问题时，我就把亲身实践的所有，站在讲台上斗志昂扬地、毫无保留地分享给那些需要成长和有着美丽事业心的人们，尽己所能的播撒温暖，力求对每件事精益求精，让美业人感受到，体验到这份爱。

我们不是不知道苦和累，但持续坚持的这么做，为的就是能够将我们对美业的热爱和执着、对客户的责任和正能量传播出去，让我们所有传播者都可以用一种专业、自信、优雅的姿态去奋斗，在更加安心、轻松的环境下去创业，不断提高客户的满意度，把价值提升到最大化。

我深感出身不能决定阶层，身份应由自己决定，阶层应由自己划分。躬身入局地燃烧自己的每一份能量，投入所有光和热，去传播企业文化。我不标榜自己是最厉害的，但是这份初心，和伙伴们的共同目标，却肯定是在实践中对美业执着的坚守。

我们能用自己的双手创造出安心、轻松的创业环境，让客户的满意度和价值被我们提升到最大化，并本着传道授业解惑的价值观发现美、传递美、创造美，并传播给一代又一代的美业人。

美业的客户也是这个行业的传播者，并且很重要。客户认可是行业价值的体现，也是行业创造的动力来源。客户就像我们的鞭策者，在我们发展得还不够好的时候，成为我们努力奋斗的根本，在客户陪伴下获得成长，获得相互肯定。客户还会像我们的引领者，在我们发展得优秀的时候，成为督促我们进步和成长的监督者，使我们获得奋斗的动力。客户更像我们的合伙人一样，当我们能够获得和客户一致的价值观时，我们就能合拍干好彼此的事业，并在事业越来越有成就时，相互的成就。

只要有爱美的客户需求，就会有美业的存在。而我们在发展的每个时期，在我们身旁的客户都会有变化。我们希望有长久的客户愿意陪伴我们，而我们也更愿意与客户发展成为合伙人，一起为美丽内外兼修奉献各自的能量，并把这份爱传播出去。因此，当客户开始愿意为美业做传播者的时候，我们就是在传播爱。

而人的内心原本就拥有真善美，也因此从美丽内外兼修的角度来说，每个人都是美的传播者。我们对美好事物的追求，会随着岁月的沉淀和时间的洗礼变得历久弥新，也会随着这种爱的播撒而令这种美的感觉愈加的真实和美好，从而脱离了世俗对于美的标准定义和评判，走向了内外兼修的美。

我由衷地希望更多的女性因为我坚持不懈地传播而受益——身材变得更加婀娜，外表变得更加美丽，经济上更加富有，更重要的是，每个女人都能把自己的命运掌握在自己手中。

我始终相信，己所不欲勿施于人，意识到此，我就带领双尚行动。我们制定了自己落地的企业文化，用企业文化把伙伴们的精气神凝聚在了一起，朝着共同的目标矢志不渝的前进。

每一个"我"的角色，都是一份责任和爱的体现，任何一个明确"我是谁"角色定位的企业，都能在市场中找到自己的位置，拥有自己的品牌形象，在行业中与同业构成良性美业生态圈，而非恶性竞争。同时，我们多一分换位思考，多一分理解与包容，多一分感恩与珍惜，统一价值观，便可以合作共赢，和谐共生。

我们始终会做好自己，塑造自己在美业生态圈中的品牌形象，不仅为传播美丽内外兼修的理念打下基础，也为树立行业标杆，改写行业历史埋下伏笔，最终同美业中上下游的角色共建良性生态圈，形成整个生态圈的和谐平衡。

和谐，助力可持续健康发展

> 无论是提供给客户高价值的体验，还是真诚的服务，以及持续性创新，都是为了获取竞争优势，在市场上站稳脚跟。

一个人只要活着围绕意识会产生对应的行为，一个企业围绕愿景、使命、价值观也会有相应的行为，这个行为对企业而言，叫作品牌行为。品牌行为是对品牌形象的进一步强化，它将通过创始人、团队和企业经营活动、社会公益活动的内外部行为共同呈现。

我常常对双尚人说："你永远都教不会别人连你自己都不会的东西。"这其实就是古人常说的："其身不正，何以正人？"我要把双尚打造成为行业的标杆，改写行业的历史就必然要先深耕自己，通过对自己、团队和企业的磨炼，才能在自身持续发展的同时助力美业的可持续发展。

随着社会经济的不断发展，老百姓的生活水平大幅提高，人们对美的追求越来越强烈，美业也迎来了发展的好时机。如今美业，已发展为涵盖美容、美发、日化、教育等广泛领域的朝阳产业，被称为是继地产、汽车、电子通信、旅游之后的"第五大消费热点"。

当产业规模仅用十几年就实现从千万跨越数十亿级别的飞速发展时，市场前景一片生机的情况下，美业未来几年有可能跨入到千亿级别的行业中。美业的发展壮大，使无数人看到了其中蕴含的商机。越来越多人纷纷投身其中，希望从中分一杯羹。我们随便到一个城市或者小乡镇，走在大街小巷上，都会看到各式各样的美容美发美妆店，而相对繁华的商圈还可以看到它们扎堆经营，看上去一片繁华。

然而，表面繁荣背后，却是乱象丛生。恶性循环的生态圈使美业发展陷入一片混乱之中，也为行业长远发展埋下不少隐患。

隐患一：高价格，低价值

消费升级，价格上涨，价值却未变。

物质水平的不断提高，生活品质成了多数人的消费需求。

尤其智能化的今天，在方便、快速的消费形态下，对人提供的服务就更显珍贵，令人期待获得超期待的价值。客户选择服务中，对价格的敏感度会逐渐降低，但会有着超越价格的需要。

比如我们进入一家美容机构，首先会感受环境来辨别消费水平，这就是一种价值体现。紧跟着我们会接触到这个机构中的每一个人，她们的服务水平、服务态度、服务能力会让我们评估这家机构的价值感和感觉是否匹配。接着，项目的操作、产品的质地、手法、仪器、流程等所有体验都是价值的构成部分。甚至包括消费结束后的售后回访也都包含在内。当价值由综合服务决定时，我们就会思考花费是值得还是不值。

由此可见，价格与价值只有一字之差，构成却完全不同。价格本质上就是一个数字，而价值更趋向于一种感受。数字可以任意标注，感受却必须用心塑造。然而，很多企业对这些细节并不注重。经营者要么凭感觉和自我价值感进行定价，忽略了服务价值的塑造和提升。要么凭借人工、成本、产品等支出数据和盈利利润空间制定相对合理的价格。

这两种现象直接就会导致高价格，低价值和低价格，高价值。客户自然会选择低价格，高价值来消费。高价格，低价值最终就会给客户一种贵的感觉，这种贵就是价值太低，不值得的表现，经营者只能收获一锤子买卖。而低价格，高价值，还得区分两种情况，一种是有些经营者不认为自己的服务价值和品质拥有价值，价格上肯定不包含价值呈现。

低价必然能获得一些忠诚顾客，但却不一定是品牌需求的核心客户，长久以往就会令企业的长期经营状况不佳，甚至亏损。另外一种是考虑到价值服务的定价，这样低价格和高价值就是市场定价策略，为企业获得长期有效的经营带来竞争优势。

因此，不论是高价格，低价值还是低价格，高价值，其根本都需要我们善于自我反思，懂得让客户在体验中获得需求价值感的满足。我们不能一味责怪顾客嫌贵，或者顾客挑剔，反而应提供与价格匹配甚至于超值的价值。这才是我们能够获得客户认可，赢取客户信任获得客户忠诚度，同时拥有自己目标客户群体的最佳经营方式。

隐患二：玩套路，少真诚

体验形式多样化，设计心思没少花，服务过程却少真诚。

许多企业经营者反思到客户需求是从体验感得到时，就花心思设计一系列的体验流程，不断创新多样化的体验方式，有的是关怀备至型、有的是细致周到型、有的是兴奋至极型。总之，只有你想不到的，没有他们做不到的。当我们如此设计客户需求体验感时，看起来是用心服务设计体验流程，但更像一种套路营销，最终围绕的是为获得客户数量和交钱体验升级消费而设计。

有句话说得很到位，叫作"出来混，总还是要还的。"我想，应该是对这种套路的最好总结。当客户体验过了这种套路新鲜感，并摸清楚你的套路时，也就对套路产生了免疫式自我防御。因此，套路只能够满足我们获得短期利益，很难让我们走上长期利益的道路，获得长久发展。

营销专家刘润说过，"思考一个商业的底层逻辑有五个：流量、转化率、客单价、复购率、转介绍率"。如此看来，我们费尽心思所做的不同体验流程套路，只能满足流量和转化率这两个部分。而客单价、复购率和转介绍率都被忽略了。这也就不难看出，为什么我们总在做业绩，却越做越吃力。因为流量和转化率只是业绩的表象，客单价、复购率、转介绍率才是业绩和盈利的真相。

要透过表象看真相，透过真相看本质，透过本质看因果，就必须找到客单价、复购率、转介绍率的本质。客单价无疑是客户单次消费的价格。复购率是客户单次消费同个项目后的重复购买率。转介绍率是客户消费之后将其传播给身边人并到店的比例。看起来这三个指标，是独立的，我们不同经营者也能找到自己的独有方式去提升。但，我只想说明它们的共通点——真诚。

为什么是说真诚呢？首先客单价、复购率、转介绍率一定都是在客户与我们拥有黏性的基础上实现的。黏性代表的是信赖感，而信赖感除了产品本身之外，最重要就是来自人与人之间真诚的服务。其次，客户也是人，是人便有真诚的最高尊重需求，我们常说的将心比心就是这个道理。当我们与客户之间用心构建了真诚的桥梁之时，我们才能打通与客户之间沟通的心路，传输与客户之间源源不断的心的能量，而收获彼此的共赢。

隐患三：勤创新，缺持续

勤于创新，常换常新，却缺乏持续。

提高了价值，用真诚换来了信任，新的问题又来了，那就是创新与持续。我们都听说过把梳子卖给和尚的例子，认为打破常规思想是在竞争激烈的商业环境之中制胜的关键。于是，很多企业都将自己的经营方向和重要精力投入在不断创新上。尤其互联网兴起后，我们的经营渠道和宣传手段屡屡在以更快更新的方式吸取客户的注意力，并在不断追求个性化的同时，把创新也变成了一种经营方式。

但是，我们必须懂得创新也有持续性创新和破坏性创新两种。持续性创新是指对市场上主流客户的需求不断进行产品的改进和完善，以满足客户更挑剔的要求。而破坏性创新是指改变了原有技术发展路径的创新，它不是向主流市场上的客户提供性能更强大的产品，而是创造出与现有产品相比还不足够好，但又具有不为主流市场用户看中的性能新产品。

简单地理解就是，当一家美容机构所经营的品牌定位在高端时，我们的主流客户就是金字塔顶层的人群，所有的创新应当是围绕她们的需求，结合自己的服务、环境、产品等进行不断提升而发生的创新，这种就是持续性创新。而如果我们为了提升自己的业绩，把自己的目标客户群体从高端转变成为年轻群体，以此而从宣传、体验、项目、价格等方面进行了全方位的应对和调整，就必然带来的是品牌从高端走向低端或者变成综合性的定位调整和改变。这种创新就是破坏性创新。它会让我们的品牌发生本质性改变，同时造成市场上对品牌定位的模糊感。

可是，想要传播美丽理念就意味着客户群体必须扩大，而高端消费群体数量是有限的，不创新让年轻群体进入，如何实现客户群体的扩大呢？我认为这个问题的解决是由我们在品牌定位上，创新研究的纵向深入性决定的。高端群体的数量固然有限，然而高端群体是有子女的，她们属于高端的年轻群体，如果我们需要延伸，应当向高端群体的子女去做创新研究。这才是符合我们品牌定位可持续性创新。而从另一个角度来说，这样也就形成了更优质的客户转介绍。

所以，仅仅是创新，如果我们单纯去跟随市场的风向开展创新经营，无疑创新会让自己的品牌走向另外一种标签模糊的状态。但是，深入思考，结合自己的品牌经营和定位去做创新研究，我们的行为和研究是直接从本质上解决问题的。

创新是个很好的经营工具，用对了方向可以为可持续经营打开一扇门，用错了方向最终只会把自己带入到混沌的竞争中，令自己满身是泥，盲目且看不到清晰的道路。

无论是提供给客户高价值的体验，还是真诚的服务，以及持续性创新，都是为了获取竞争优势，在市场上站稳脚跟。乱象不是让我们自我批判而应该是自我反思，由创始人到团队到企业行为的自我反思。

创始人就是企业的旗帜和灯塔。道理我们都懂，但是放入行为当中才能带领团队走正道。我会经常通过伙伴们写给我的信来反观自己的行为，用以指正和提醒自己。一位叫刘云涛的伙伴在给我的信中这样写道：

生活不止眼前的苟且，还有诗和远方！嘴里念念有词、心中惆怅失意，这正是刚离开学校后我懵懂的 21 岁。骑着淘来的二手电车，穿梭在昆明的大街小巷里，我欣赏着路边每一丝繁华与萧瑟，心中幻想着和美丽的妻子在豪宅里的诗情画意！

然而现实却是，这座美丽的城市，没有一点属于我。我口袋里揣着零钱和揉成黑团的纸巾，用着六位数的密码管理着两位数的存款，这就是我最真实的生活写照！

正是在这最无知、最无畏的年华，我遇见了最美丽的双尚，这一切都是最好的安排！

毕业后，我选择了与专业有关的工作，在一家装饰公司做工程监理。每天都在跑工地，接触的都是沙子、水泥、腻子粉，时不时地还要往工地上垫付材料费。早出晚归，日复一日，衣服越穿越灰，皮肤越来越黑，垫付款也越来越多。当然我也很节省，晚上回家就是一盒炒饭，一瓶水；虽然朋友一电话来就要去KTV、烧烤摊嗨到深夜。每个月的工资够交房租、够吃饭，一人吃饱全家无忧。就这样的，我晃晃悠悠地度过了两年。

不足的社会经验和较少的阅历，让我在工作中常常吃亏。有时候自己无私地付出劳动和钱财，最后却被看成是一种理所应当。我把身边的人都理解成和自己一样单纯，结果换来的是，吃了一个月的泡面，老板也没有把垫付款给我。直到现在为止，那家公司还欠着我好几个月的工资。而我自己背上了一张又一张信用卡，寸步难行、苦苦挣扎。老实说，那熟悉的泡面味里，掺杂着我太多年少的苦涩！直到我遇到了双尚，那段记忆犹新的青春，才画上了一个完美的句号。

2018年2月25日，在贵人的帮助下，我有幸走进了"共创双尚伟业，铸就民族品牌"的大会现场。我第一次感受到了一个品牌的影响力，可以如此强大；一家企业，可以这么有凝聚力和吸引力。那也是我长大以来，听到的最精彩、感触最深的一堂课。回想我毕业的两年，是如此的荒废。

看着老师们在台上台下的精彩绽放，我觉得自己就是一只刚从井底跳出来的青蛙，第一次呼吸到新鲜的空气，看到这个世界原来如此美丽。"成人礼"仪式结束后，那位所有人最崇拜、最尊敬的女神——双总，上台分享了一封信，《写给远在天堂的妈妈》。我在会场后排的角落里哭得稀里哗啦，不知如何用语言来表达当时心中的那种痛，只能紧握拳头、狠咬着牙，心疼着台上这位最尊敬的大家长！

那天的会议结束后，我对着镜子告诉自己：我一定要快速地成长起来，去承担我应有的责任！

经过自己的努力和付出，我也很幸运地被聘请为双尚商学院的助理；而万幸中的万幸，我被安排来到了双总和丁总的身边，跟随学习！

两个月的相处，双总和丁总身上的那种正能量、真诚、责任心，点点滴滴，无时无刻地打动着我，影响着我。如果不是亲眼所见和亲身感受，真的难以相信以两位老总目前的经济实力和能力，他们完全可以在家里陪孩子、陪父母，过着悠闲自在的日子。但是他们却没有片刻放松，而是用尽全部的精力来缩短所有人与成功的距离。我觉得两位老总的这种搭档真的是天作之合，双总用她的智慧和勇敢带领市场上所有的老师冲在最前方，丁总用他的细心和责任心进行后方的建设和完善。

作为小跟班，我真的不知道双总是几点睡觉，几点起床！我只知道每个深夜，她还在不停地忙着工作。因为多年来废寝忘食的工作，双总的肠胃不好，每次吃了稍微有点硬的米饭，她就会胃痛。

双总知道我正值年少，食量较大，所以每次都像妈妈小时候照顾我一样，给我夹很多菜，让我每次都吃得饱饱的。可能也是自己的生活经验太少，不太会照顾人，本来作为主力，应该是我把上司照顾好的，结果每次只要有出差什么的，我的衣食住行全部都被她安排得妥妥当当的。我发自内心地觉得，跟随在双总身边的这段日子里，真的太幸福了！同时，也让我真正明白了什么是责任，什么是企业家精神！那些曾经不敢想和不敢说出口的梦想，现在已经清清楚楚地刻画在了我的梦想板上。

短短几个月的时间，修身管家火遍全国市场、火遍互联网。火爆的背后，离不开我们最优秀的领导人和每一位家人的付出。现在我们的团队时刻都在不断壮大、蒸蒸日上，每天都在刷新着历史。我对每一个明天，都充满激情和渴望。

　　每看一次伙伴们的信，我心中不仅是感动，而且也有对她们的责任感和爱。我把企业每个人都当成兄弟姐妹，在员工患病的时候，我会马上前去探望，为她们送上体贴的关怀与安慰。在传统节日，我也会向员工发放福利；在员工生日的时候，我也会第一时间送上自己的祝福。当员工们遇到困难的时候，不管是工作上的难题，还是生活上的坎坷，我都会像一个大家长一样站出来，及时向她们伸出援助之手。不但在生活上对员工们进行充分照顾，对她们的精神生活也尤为关注。

我为那些优异的员工提供度假旅游的机会，尽可能提高她们的生活质量。很多员工告诉我，她们之所以不断努力，积极进取，就是因为从我的这些关怀中感受到了温暖和力量。

所以我致力于营造一个家的氛围，让每一个人都像在自己家里一样轻松愉快。家是员工们最坚强的后盾，也是她们心底最柔软的地方。除了我们日常的开会以及培训，最具仪式感的事情就是我们的年会。

在年会里，我们可以让辛苦忙碌了一年的家人们轻松地聚在一起，共同分享庆祝我们这一年的收获和喜悦。2018 年的年会，伙伴们对它的重视程度，不亚于对中央电视台的春节联欢晚会的热切期盼。他们积极地参与到年会的筹备工作中，利用休息时间，全心全意为年会而忙碌。

2018 年 1 月 20 日，一场相聚的盛宴拉开了帷幕。年会的主题铸真诚，容天下，汇聚了两千人。精心布置的会场、一排排鲜花拱桥从酒店门口架设到会场入口，红色地毯中央又铺设了金黄色的地毯，会场的右侧是一面用鲜花做成的幕墙，侧旁的方桌摆满了各式各样的新鲜水果、糕点、果汁、红酒、高脚杯，令每个人都感动不已。

来自五湖四海的 479 位家人精心准备的 26 个精彩节目点燃了大会的气氛，品牌产品的火爆势不可挡，祖国的大地绽放着光芒，双尚巨龙从这里飞扬。这一天，西双版纳的阳光也格外温暖，滋润着修身管家那蓬勃的力量。

而当 2000 多位各个身着华丽长裙、身形窈窕、气质优雅地惊艳亮相在西双版纳世纪金源大酒店时，每一个参与其中的人都无法压抑自己内心的激动，更感受到了作为双尚人的骄傲与自豪。

对我们来说，年会就像是"春晚"。在欢声笑语中，过去一年的疲惫和劳累一扫而空，让大家以更加积极的精神面貌迎接下一年的工作。

我们也会邀请员工的家人参与一些活动，与家人一起分享荣誉与成果。这不但加强了员工之间，员工与家人之间，家人与双尚之间的互相了解，还让员工对企业更加认同，让家人对员工的工作更加支持。

2018 年 2 月 23 日，我组织了一次员工及家属赴泰国巴厘岛的旅行活动。很多家人们已经很久没有陪亲人旅行了，激动地对我说："感谢双总，做一名双尚人，真的好幸福！"

诗情画意如世外桃源一般的巴厘岛，让每个家人都彻底放松了下来，让她们的身心都得到了抚慰，也为她们未来的努力工作注入了巨大的能量。

温馨如大家庭一般的氛围，我用我的行动感染着每一位双尚人，而每一位双尚人也用他们的行动表达着对企业的爱。当这些行为变成了我们独有的文化时，便形成了企业内部的品牌行为，形成了一种牢不可破的凝聚力，并将共同的信念、共同的追求、共同的行为准则塑造成双尚独具特色的企业文化，最大限度地发挥了我们的创造性和积极性。

我们在不断围绕客户的需要提供超期待服务。通过分享课程、举办活动来不断传播美丽内外兼修的理念，不仅让女人走进课堂，还让她们的另一半甚至孩子一起走进课堂，实现美丽一个女人，幸福一个家庭，和谐整个社会的企业愿景。通过打造平台举办辣妈大赛给所有女性提供展示交流平台的同时，推动云南的旅游，给社会带来了积极的影响效果。

我们积极与政府合作营造整个美业的营商环境，一方面带领客户们走出国门，在国际视野中竖起"中国辣妈"的中国女性新形象：一方面积极参与"风云滇商"的优秀民营企业评选活动，突破固有对美业只是卖产品、提供服务的一种行业认识，以身示范为行业竖立起一面创新的旗帜，形成对同业的教育，改变行业历史。

我们开展的积极多样化企业文化活动和倡导健康向上的愿景价值观，不仅营造了良好企业发展氛围，还宣传了本地民族文化特色，推动各企业文化建设向着积极正能量的方向发展，为企业和社会塑造了共同的愿景与事业价值观理念，同时因为这种丰富多彩的企业创新经营模式，也给自己带来了强大生产力的转换，获得了自身健康持续的发展。

创业初期，我们并没有多么优越的环境也没有多么优质的团队，不过是一个普通的民营企业。而创业两年营业额破亿元的奇迹都是伙伴们不辞劳苦拼命干出来的成绩。我用一份初心创办了这份事业，并且用它凝聚了一群人，形成一个团队。我们的每一个行为都代表着企业的品牌行为，我们的每个行为和每次活动也都是品牌行为的内部仪式感。而以企业为名开展的各类外部活动和公益事业更是我们以行动传递经营理念和价值观的行为。

用行动践行着"美丽一个女人，幸福一个家庭，和谐整个社会"的企业愿景，企业平台就在为社会提供就业机会，并用创造的成绩成就了每一个人。用有形的行为制度约束管理自己，也用无形的精神力量推动引领自己，我们就在走人间正道，传浩然正气。

我认为双尚不是我一个人的企业，而是所有伙伴们，乃至整个社会和国家的民族品牌。我们不忘初心，牢记使命，就会让自己的经营变得越来越轻松，而不轻易地受市场影响，走向随意跟风的状态。我们始终坚定自己的使命和信仰，就能使企业可持续的稳健发展，拥有自己的独立精神，独立品牌，独立行为和独立价值。

从事业到行业，从行业到整个生态圈，从整个生态圈到整个社会和国家。从成为云南省民营企业家协会理事会常务副会长单位开始到为行使社会责任从事公益事业，我们已经迈上了不再只为行业发展而努力的道路，我们要为整个美业生态圈甚至于民营企业在整个社会和国家中贡献力量。

因此，我们始终在经营中不断完善自己的品牌行为，努力为美业生态圈打造人文环境和共建良好的营商环境，不断以健康向上的愿景、使命、价值观和积极多样化的企业文化活动以身示范为同行树立榜样。在自身可持续健康发展的同时助力美业生态圈与社会的和谐发展。

和谐，思想重塑的产物

企业发展得越大，价值观就越重要。

人的思想观念就是价值观，价值观是一个人对周围人、事物的总评价和总看法，是决定人的行为与选择的心理基础。企业的思想理念就是企业价值观，又称品牌理念。当对诸事物的看法和评价在心目中有着主次、轻重的排列次序时，这些排列整体就是价值观体系。

对个人，价值观会影响个人行为，对企业，价值观会影响团队行为，企业行为。而人和人之间还会产生价值观冲突，这种冲突在个人中就会发生纠结和迷茫，在企业中就会产生行动不一致，思想不统一的企业内耗。制定价值观，就等同于制定企业的风向标。它指引着企业以什么样的准则为客户提供服务。

一句话就是企业该怎么做？

价值观等同于企业的底线，拥有评价标准、价值取向和行为准则三个维度。企业好的价值观体系可以把坏人变成好人，否则就会好人变成坏人。

我们的价值观是围绕着有所为、有所不为而制定的，它将时刻提醒我们，什么可以做，什么不可以做。它包括客户观、产品观、人才观和服务观。

客户观：持续盈利　共创伟业

价值观诠释

一、持续盈利

（1）朝阳产业，符合国家产业政策和人类的可持续发展；

（2）具有经营所需的必备资源；

（3）具有优秀领导团队和核心人员；

（4）在一定时期内，具有稳定增长性（团队建设，培养客户忠诚度）。

二、共创伟业

同心同德，同心同道，同心同行。

凝聚力量方能共谋发展，同心同德才能成就伟业。贯彻同道同心思想，推动同心实践。引导广大美业人员与双尚科技在思想上同心同德，目标上同心同道，行动上同心同行。这是新趋势下统一战线工作的重要内容，团结共创伟业，同心共筑梦想。(一件事，一群人，一条心，一起拼，一辈子，一定赢！)。

产品观：安全健康　品质创新

价值观诠释

一、安全健康

在身材抗衰产品项目中，最具安全健康便捷，产品设计理念中具备一定检测及调理亚健康的辅助作用。

二、品质优良，产品创新

三、全赋能价值

通过商学院教育体系，把身材管理的价值体系不断传播，通过女性身心灵健康，让女性不断懂得内外兼修的美丽是一种生活态度，把美丽升华成为一种正能量。

所有产品作为企业精神的载体，给到所有使用者：美丽一个女人，幸福一个家庭，和谐一个社会。

人才观：人文关怀　成就梦想

价值观诠释

一、引人价值

态度，能力优先，用其所愿，专业自信，领袖未来。

二、用人价值

坚持"三公四用"，三公：公开，公平，公正四用：用当其时，用当其位，用当其长，用当其愿！

三、育人价值

工作与教育相结合，乐观向上，永不放弃，真诚实干，诚实正直，言行坦荡，表里如一，诚信做人做事，不传播未经证实的消息，不抱怨，不负能量，敬业，专业执着，精益求精。

四、留人价值

事业留人，情感留人，待遇留人，文化留人，理念留人，共同梦想留人。

以德服人，传播真善美；与其得小人，不若得愚人。

服务观：客户至上　精益求精

价值观诠释

一、客户至上

客户是我们的衣食父母，我们做服务就是为了提高客户满意度！提升客户心理价值！提高我们的口碑！

往往我们很容易进入一个误区，服务＝售后服务。然而我们的服务在售前售中售后都贯穿其中！那么我们服务的对象是：所有美容院，零售顾客，以及公司所有同事。

服务能决定一个企业的未来和发展，我们付出200%的努力赢得客户100%的满意！但是我相信我们最终得到的绝对超出200%的收获。

二、精益求精

1. 尊重他人，随时随地维护双尚形象；

2. 微笑面对市场所有问题及委屈，主动积极解决团队、加盟商、零售客户的问题；

3. 在解决问题中，即使不是自己的责任，也不推卸；

4. 站在客户的立场思考问题，在不损害公司利益和原则的基础上，最终达到客户和公司都满意；

5. 具有超前服务意识，有预防问题的能力；

6. 增加与客户的情感链接达到长久共赢；

7. 今天最好的服务是我们明天最低的要求。

在客户上，我们践行"工匠精神"的精神文化，用规范的经营、严格的标准、统一的管理打造优质的产品，脚踏实地地使企业获得持续盈利，为客户创造价值，与合作者共创伟业。

在人才上，伙伴之间不仅是领导与下属的关系，也不只是同事关系，而是家人。我们只有分工的不同、职位的不同，没有人格的高低贵贱，在家的温暖氛围中，为美丽事业共同努力。

在产品上，我们缔造的品牌产品及周边延伸，以忠诚为依归，对双尚忠诚、对行业忠诚、对客户忠诚、对选择的产品忠诚。

在服务上，我们始终心系客户，以客户为导向，重视客户体验，把客户价值放在第一位。双尚科技不只追求"100分"，而是"120+"，始终更用心的为客户提供她们意想不到的精致服务，并创造出令客户惊叹的服务特色。

价值观令我们有着统一的品牌行为，帮助企业实现快速的人才复制。但是，最早我并不清楚什么是企业价值观，并以为它们就是挂在墙上的口号，直到一堂共创双尚伟业，铸就民族品牌，给我们带来了思维认知的升级和价值观的再塑造，才让我逐渐明白，价值观是一个人的思想观念，每个人的价值观都不同，企业如果无法形成共同的价值观，就将成为企业最大的内耗。

这时，我也认定美业最大的追求应该是价值观与责任。

为了制定企业的价值观，我邀请了杨新明老师成为双尚品牌信仰的高级顾问，手把手带领我和我的核心团队制定自己的企业文化，在铸魂教育的过程里找到团队共识，凝聚团队人心，从而收获统一的价值观行动，带来企业的内核改变，获得创造性的企业生命力。

当价值观呈现时，我首先要求自己始终坚定的践行，希望透过我的身体力行来影响双尚人对事业产生油然而生的敬畏感，对价值观形成高度统一的认识，从而萌生改变的渴望，在企业平台上收获成功。有一叫林达的伙伴人，因为受到我的影响，给我写过这样一封信，原文如下：

人在人生不同的时期，对自己的名字的理解也不一样，自然"自我介绍"也就比较应那个时期的景，从而也就会反映出当时这个人的人生态度是怎样的。

我是一个1994年出生在昆明，土生土长在昆明的一个四川籍人。我从小在赞美声和嘲笑声中长大。因为父母在我还很小的时候就离异了，我跟着妈妈生活。因为看到妈妈的辛苦，所以我懂事得比较早，并成为亲戚拿来教育自己小孩的正面教材。但是，又因为我比较贪吃，所以一直都比较胖，理所当然地也成为长辈们逗乐、开玩笑的对象。可能是因为这样的一个成长经历，奠定了未来的我乐观、脾气好、亲和力超强，懂得换位思考却不够自信的性格。

我叫林达，双木林，到达的达。

这个自我介绍至少陪伴了我五年多的时间。没有梦想和动力，没有野心和追求的人，自我介绍也就平凡不张扬。在这五年里，我从事过很多职业：做过装修公司的业务经理，做过摄影学徒，做过手机导购员，做过网络公司的市场经理，做过厨师……真是所谓年轻人好奇心强啊！但是我非常认同一句话：生命中所有发生的事，不管好事还是坏事，都会成为未来的垫脚石。我庆幸自己做过这么多职业，待过这么多行业，为我今后的事业奠定了坚实的基础，也为我后来遇到贵人积攒了运气。

我叫林达，森林的林，飞黄腾达的达。

飞黄腾达，这个词给我的画面是：有了自己想要的一切，站在制高点，受人敬仰。

　　五年的时间，林达经历了什么？他对自己名字的诠释会从"双木林，到达的达"到"森林的林，飞黄腾达的达"。两种解读，前者让我感觉简单、朴实，后者却让我感受到了一个男人的力量感和对未来无限可能的创造力。

　　同一个名字，同样两个字的不同诠释，却对一个人有了完全不一样的认识。我相信林达的思维在一瞬间突破了，他的价值观开始发生变化了，所以他开始有了沉淀下来的方向感，想要通过重新定义自己的名字，来解读自己的生命，获得脱胎换骨的改变，找到自己的实现梦想道路。那么，我们继续读下去一探究竟吧。

　　五年所积攒的运气，就是为了让我遇到贵人，遇到一个改变了我对人生态度的贵人——我们尊敬的双总。她作为一家公司的领导人，半年不到的时间里拥有了三百多位老师，几千多家加盟合作伙伴。虽然前面有这多厉害的前缀，但她同时是一个妈妈，一个女人。

　　说起我们的双总，才进入公司的时候，我就觉得我们的双总好美，好厉害，好有霸气！而且我身上有一种打心底信任她的感觉，觉得只有有她在，心里就是踏实的。因此，我也一直期待能有机会可以和双总接触，向她学习。上天不负有心人，终于有一次，我得到了一个和双总一起出差的机会。

双总问我："林达老师，你会开车吗？"

我回答说："双总，我会，但是开的公里数比较少，技术不是很好，而且前几天才刚刚把家里的车给刮了。您这车这么贵，我可不敢开！"

双总信任地看着我说："就是因为技术不好才应该练啊！突破！"

就这样，我开着双总的车，从昆明到攀枝花，再从攀枝花到昆明。双总一路没合眼地陪着我、教我。就算是双总一天就睡了四五个小时，她也都陪着我开车，陪我说话，怕我犯困。这是我亲生父母都做不到的。这时的我，就觉得双总真的一点老板架子都没有，而且太大爱了！我是第一次见到这样企业领导人，也是这一次机会，也才有了下面的这一段对话，让我下定决心要跟着双总好好做下去，把我们的修身管家做遍全国，火遍全世界！

我说："双总，可以问你一个这两天一直在思考的问题吗？要是可以有一次回到过去改变当时历史的机会，您会回到什么时候呢？"

双总的回答出乎我意料，她说："我想回到我14岁那年！"

我问："为什么是14岁那年呢？想回去好好读书吗？"

双总深吸了一口气说："那时候哪里有条件读书啊？我那时候连吃饱都难，姐妹几个经常为了吃争吵。14岁那年，我母亲生了一场大病，瘫痪在床。因为每天都要照顾她，心里甚至有了抱怨；当母亲去世了，才知道珍惜。我现在特别想念我的母亲，如果有一次可以回到过去的机会，我一定要回到14岁那年，好好照顾我的母亲，珍惜和她相处的每一分每一秒。不过我一直都庆幸有这些经历，这些滋味，因为现在很多人都没有过这样的经历和体验，反而缺失了很多东西。"

当时的我满心愧疚，眼泪也不禁模糊了视线。

愧疚之余是一份决心！我拥有着双总拥有的，但是却没有她身上的这种坚强，担当！这是我作为一个男人，却不如双总的地方，也是我最想改变的地方！同时，双总身上所散发出来的那种真实，对人的真实，对事情的真实，也是我觉得当今社会所缺失的品德。而最让我佩服双总的是：双总所带出来的老师们身上，也同样有着双总身上的这种坚强、担当、霸气、责任心强和真实的味道！

我的决心就是，会一直追随双总。双总走到哪里，哪里就有我的身影。因为这样的领导人，让我有了原动力，有了追求，她给了我想去拥有一个外人看来很荒谬的梦想的底气，我再也不想用那个平凡不张扬的自我介绍了。

我叫林达，森林的林，飞黄腾达的达。我的梦想就是像我的名字所寓意的那样：我林达，要在公司这个充满人才的森林里，厚积薄发，飞黄腾达！

　　我的身体力行，让林达产生了价值观改变。这让我相信，虽然我们每个人都是一个特殊的独立个体，但是我们不能独善其身地在这个世界存活，我们进入团队，就要获得与团队共同的价值观，并用统一的价值观来带领我们前进。同时，我也明白每个人都是带着使命来到这个世界上的，为了完成自己的使命，我们就要用价值观来指引自己行动，走上实现梦想的道路。否则，我们就会被狭隘的价值观捆绑，而举步维艰，寸步难行。

　　因此，价值观落地应当是企业文化中需要始终传递的思维方式。任何一个进入企业并能够与我们的价值观产生共识的人，都会在这里快速地融入。反之，那些对我们价值观有所质疑的人，会因为对公司制度上的不理解、不跟随和拖后腿，最终无法融入而离开。

　　当然，离开的人所持有的价值观，并不是错误的价值观，只是和双尚不符。我也希望，她们能够终有一天找到自己价值观的归属。

　　而留下来的人，我希望在我们共同价值观的指引下，能收获很多像林达一样的"变身"，并对未来更加坚定和充满希望。每当我看到伙伴们穿着统一的服装、统一的围脖和统一的发型呈现在我面前时，那些整齐的步伐、响亮的口号，朝气蓬勃的精神面貌，就是我们价值观淋漓尽致的展现。她们都是我的骄傲，也是企业的骄傲，更是美业的骄傲。

企业发展得越大，价值观就越重要。它会让我们的事业拥有打开一扇门的钥匙。当门被打开时，我们就会看到崭新的道路正在等待我们迈入。我们看到行进有力的团队整装待发，要带着统一的价值观去奋斗。我们看到自主改变的意愿会变得更强烈，并渴望带着它与企业共赢，实现企业长远发展。

如果价值观落地得实在，我们就在这种团队行为、企业行为中出现价值观的重复行动。重复的次数越多，价值观的理念就在双尚人的心中扎根得越深。然后涌现更多因为遵循企业价值观和获得良好成绩的事例，形成企业价值观落地的良性循环。

当我的企业，我的团队成为价值观落地的受益者时，我就想把它分享给更多的人。我希望自己能够跑在前面带领行业人不断迭代，就如同我带领双尚用价值观不断迭代自己的思维一样。双尚誓言——树立行业标杆，改写行业历史，首先就要从行业从业者的价值观重塑开始。

多年以来，我一直心系美业，我看到我的经销商们因为不懂得提升自己的能力，不懂得重塑自己的思想，不懂得改变自己的观念，从而无法给予客户帮助。我心想我们都是美业生态圈上的一分子，如果他们无法帮助客户，就会失去客户对他们的信任，客户对他们的不信任会形成对行业的不认可，这种不认可一旦发生就是我们美业人的灾难。

人与人之间的信任是非常宝贵的，客户每投入的一分钱，不仅希望能够得到回报，还希望能够收获价值，而经销商如果只能为客户提供一些浅显的服务，不仅会失去客户对我们的信任，伤了客户的心，还会永远失去这个客户。

为了解决这个问题，在商学院，我针对性地推出了一堂课，希望通过价值观再造，思想重塑，帮助所有经销商，拿到自己的"钥匙"，留住客户，打开利润倍增的大门。

"老板的思维增长"会让我的经销商们能够重新用正确的价值观带领企业，在美业领域中走好自己的道路。我要让合作伙伴和我们一起共创伟业，我要帮助他们重塑自己的价值观，并用自己的价值观来引导客户的价值观。

我们彼此认可，彼此相信，认同共同的价值观，成交才会心甘情愿，为企业带来持续的盈利。我们认同共同的价值观，才能实现彼此的价值最大化，携手同行、互利共赢，站在良性的行业生态圈中担负自己的使命与同业和谐共生。反之，我们的发展就会停滞不前甚至于倒退。

同时，追求价值观的统一，还有一个根本原因就是对美业的责任。

我们对客户有责任，就要让客户的每一分钱实现价值最大化。用责任心来做事业、做服务，是服务行业的最高境界。当客户因为我们而变得越来越健康，越来越自信，越来越美丽时，我们就担当起了这种责任，整个美业才会发展得越来越好。

随着双尚用自己的价值观创造了一个又一个的奇迹，我们在美业的影响力也越来越大。价值观的践行不能因此而停下脚步，我们还需要不断探索，不断研发，在价值观理念的指引下，找到更多的方式来培育这个行业，促进美业的发展与成熟。

而在企业价值观落地的时候，对于还不了解它的人，是一个认知升级、思想改造的过程，不能一蹴而就。我要保持对价值观落地的高度重视以外，还需要时刻提醒伙伴们，经销商们，学会用信念来坚持。只有我自己有着高度重视的意愿，才会在落地中，不断打磨、不断重复、行为修正、逐渐统一。在这个过程中，我们万万不可轻易地放弃，一旦我们拥有放弃的念头，想要再度提上议程，再度实现时，一定会遇到更巨大的阻碍，需要拥有更坚定的信念。

价值观落地时，团队磨合和坚持的过程就是团队共同成长的经历。如果我们对自己的事业有着强烈的使命感，并且拥有必须要实现的事业心，我们就会在一次次磨合的冲突中，实现价值观的统一，拥有统一的行为，在企业中形成一股无形的力量，去面对未来一切的困难险阻。

价值观落地的成功就是品牌理念会影响品牌形象传播和行为的呈现。它的成功会在合伙人、员工、客户和其他产业链上的关联者之间形成一种契约精神。它能让企业的一切行动围绕战略目标开展，体现在制度和绩效的考核上，省去苦口婆心的管理。对价值观越遵守、越敬畏我们便越自由，最终令企业的生命力和创造力整体结合产生化学反应，成为企业发展壮大的起点。

和谐，利他的人生更豁达

只要品牌信仰在，我们就拥有向内生长的团队力量，并且始终为自己负责，为企业负责，为行业负责，带着利他的精神不断前行。

我们都有信奉名言，并将其作为座右铭的经历。当座右铭引领我们的精神走上一段路程或者一生时，这个座右铭就是我们的信仰。信仰不是宗教信仰的概念，而是宗教也在使用信仰的作用。

如果人需要信仰，那么企业就应为品牌树立信仰，使人们因品牌而自豪，使国家因品牌而骄傲。"致力于帮助天下女人美丽一身、一生美丽"，把企业打造成为"天下无双，尚德世界"的民族品牌，就是我们的使命，而"美丽一个女人，幸福一个家庭，和谐整个社会"的愿景就是我们的信仰。

当一个企业拥有了信仰，也就拥有了凝聚人心的精神。通俗点说，它就是企业向心力的体现。企业通过对信仰的重复输入，信仰就逐渐变成了扎根于心的意识，使大家拥有自动化的行为，形成意识与行为的统一。如此一来，我们会更信任彼此，更相信愿景终有一天能够达成，更坚定的执行。最终因拥有专属于自己的信仰。

我们的愿景是：美丽一个女人，幸福一个家庭，和谐整个社会。

1. 社会价值：美丽，可以美丽一个女人，幸福一个家庭，和谐整个社会

诠释：

· 社会和谐来源于千千万万家庭幸福。

· 每个家庭成员都是小孩，父母组成。

· 所以一个家庭的幸福体现在一个女人的各种角色能否很好的切换，一个女人是家庭核心。一个好女人旺三代，做到亲孝，亲密，亲子。

· 但是当今社会很多女性不明白自己所要承担

的角色和责任，一个形象邋遢的女人教不出自信的
小孩，一个不自信的女人捍卫不了美满的婚姻，一
个没有思想的女人经营不了幸福的家庭。

·那么我们的辣妈学堂，辣妈大赛，央视的《对
话新时代》等都可以让女人自信，爱，和谐，幸福。

2.加盟价值：美丽，可以开创持续盈利、健康、安全、
共赢的事业。

诠释：

·持续盈利；

·做到持续信任、持续坚持、持续忠诚，就一
定能持续盈利；

·为什么开店赚不到钱，因为做不到持续坚持、
持续信任、持续忠诚，所以经常投资、经常选择，
今天相信这个，明天相信这个，小猫钓鱼，为别人赚，
最后做不到持续盈利。

3.客户价值：美丽，可以找回自信、内外兼修、美在我身、赏心悦目。

诠释：

·自信——美丽是一种呈现，自信是一种蜕变。

·自信是一盏灯，在黑暗时给你带来光明；自信是知心好友，在你迷茫时与你共同前进；自信是一座灯塔，在你迷失方向的时候为你指明方向。

·内外兼修——美丽是一种态度，优雅是一种习惯。

·内修心，外修形。内在有面部风水，言行举止，为人处事，待人接物，真、善、美几个方面。

·予独爱莲之出淤泥而不染，濯清涟而不妖。

·美在我身、赏心悦目——长得漂亮是优势，活得漂亮是本事。

·请你，每天保养自己，穿上喜欢的衣服，化个精致的妆容，不羡慕谁，不依赖谁、静悄悄地努力活成自己想要的模样。

·思想独立，人格独立，经济独立。

·美丽是一种爱的传递，忠诚、忠心、忠爱一生！

4.员工价值：美丽，可以提供优质公开的平台、机遇的挑战、快乐的成长、收入的增长。

> **诠释：**
>
> ·在自身是拥有自信、时尚、独立、优雅、魅力聚一身且内外兼修的新时代女性同时，做行业、企业的代言人，客户的终身辣妈数练、健康顾问、美丽顾问。树榜样，造希望！
>
> ·共同组建拥有专业能力，具备超强凝聚力和执行力，并且有担当、负责任、卓越、团结做事实拿结果的团队。
>
> ·在拥有专业能力的同时与客户共同成为合作共赢、携手并进的合格美业人。

5.伙伴价值：美丽，可以共同探索世界里的另一种美，探索世界共同发展。

> **诠释：**
>
> ·传播美、创造美，带动并滋养、成就全球各界优秀女性走向卓越，延伸美的价值从物质需求转

变成精神信仰。

·通过商学院平台为美业教育赋能，不仅令女性自信、独立、时尚、优雅，更要弘扬家庭幸福文化，以促进社会整体的和谐进步。

·在成就女性实现梦想的同时，与全球最优秀的美业同行和关联行业合作，共同推动大赛品质的提升，一起建立彼此行业领导者的地位倾力打造和谐生态圈。

双尚的使命

我是双尚人，我将全力以赴推动双尚这份伟大的事业，致力于帮助天下女人美丽一身、一生美丽。美丽可以让女人找回自信，幸福可以和谐一个家族。我骄傲携手双尚伟业，我自豪为双尚品牌代言，我承诺持续为客户创造价值，我发誓与双尚人共同坚守"传浩然正气，走人间正道"的价值观。为了这份神圣的事业，我将倾注毕生的精力，建造这座宏伟而壮丽的双尚大厦；我将倾注毕生的精力，建设优秀卓越的双尚团队；我将倾注毕生的精力，开创行业标杆。真正传递正知、正念、正行、正能量，把双尚打造成为"天下无双，尚德世界"的民族品牌。

双尚的事业是："从事向美业老板提供高品质 S 型身材管理器等产品和服务，创造可持续盈利的教育事业"。

品牌信仰为我们绘制了一个精神图腾，让美丽事业变成受人敬仰的事业。坚信自己的信仰，就会拥有独立乐观的理性，摆脱盲从。同时面对质疑的时候，我们也不会选择放弃，而是坚持。

只要品牌信仰在，我们就拥有向内生长的团队力量，并且始终为自己负责，为企业负责，为行业负责，带着利他的精神不断前行。

所以，我们的使命感中带有强烈的利他之心。

我痛心地看到，在如今的各行各业，会出现一种奇怪的现象：一味利己，无限度追逐利润。在众多人眼中，貌似只有唯利是图，才能成就事业。

这种自私自利的行为导致了非常严重的后果。

后果一：败坏了整个行业的生态环境。

一味利己，眼中只看到利润，不但会走进死胡同，还有可能影响整个行业的生态环境。

　　说到这里，我们必须重提 2008 年 9 月的"三聚氰胺事件"。推销三鹿奶粉的销售员，他们愿意给自己的孩子喝三鹿奶粉吗？当然是否定的。

　　即便如此，这样的现象也屡见不鲜。而其本质就在于信仰缺失，经营者缺少使命感，价值观扭曲所致。经营者忘记了自己做这件事的初心，忘记了企业应承担的责任，而只想到了自己能够从中获利，就会铤而走险、不择手段，走入到牺牲他人为代价获取自己利益的万劫不复境地。

后果二：害人者必将害己。

　　害人者必将害己。今天你将毒奶粉卖给别人，你说："反正我不喝，我的孩子不喝，没关系。"但是，你又怎么知道，别人卖给你的酒是不是掺杂了工业酒精？别人卖给你的衣服，是不是含有致癌物质？你喝的饮料，会不会大肠杆菌超标？你吃的食品，会不会含有苏丹红？

　　世间万事万物都是紧密联系在一起，不断循环的，没有人能置身事外，独善其身，漠视他人生命的人，自己也有可能成为受害者。如果整个社会都失去了责任感和民族使命感，那么受到伤害的，首先就是每一个"我"。

　　每一个有良心的人都要杜绝这种错误的思维，要牢牢记住，我们做事要对得起自己的良心。

所以我们从事任何工作，都要有利他之心。我们一定要有对其他人负责、对社会负责的责任感，不要只是为了自己的欲望而生活，这样才能使社会变得更加美好。

什么是利他之心？杨新明老师说："利他之心对于企业，就是用自己的商业价值来做有利于社会的善事。"企业在市场上能够长久经营，获得良好的市场和客户的口碑，就是企业的商业价值。利用自己的商业价值，用自己擅长的领域去为社会做贡献，我们才会在自己的领域有边界和范畴的开展可持续性的良性公益事业。将公益事业日常化，以商养善才能真正传递企业的发心。

带着利他之心首先做好自己，再用自己的商业价值去做对他人有帮助的事情，才是企业应当走的利他之路。按照这个思维方式，我对每个伙伴也都提出了这样的要求：如果你以前做人做事更多的出发点是为了自己，那么，从今天开始，无论做人做事，可以适当地将出发点转换为别人。不要求你马上就能做到，但是你可以不断地向着这个方向去努力，培养自己的起心动念，为了助人和利他，正心、正念、正道。长此以往，你会发现，这个思维方式、行为习惯，将会给你的事业和你的人生，带来巨大的改变。

本着这样的初心，我决定先自己做到，再带领着大家也这么做，当所有人都能够在企业之间享受这种利他时，我们就很容易把这种利他的行为贯穿在工作和生活中，自然而然地去做并创造价值。

我们经常会把自己感受到的利他行为书写下来，相互传递我。这样的传递，给予我是一种无限的动力，让我愿意更用心地为她们付出。这种付出并不因为她们是双尚人，而是因为我们有着共同的利他之心，用彼此的行为相互点燃生命，在自我感受到利他的价值和意义时愿意主动选择利他。

我相信，这样利他不仅可以感动我，也会感动所有人。我找到了这么一封信，是一个叫窦雄润的伙伴写的。他真实记录了我们伙伴间相互利他所体验到的幸福感和对这份事业的坚定感。

每当回味起往事，脑海里面深刻的记忆都会在此刻浮现。曾经的酸甜苦辣，成功与失败，都让我深深回味，那些点点滴滴的往事，已成为我最珍贵的记忆！

在逝去的饱经风霜的日子里，我奋斗过、努力过、争取过、成功过也失败过……我出生于一个很普通平凡的家庭里，父母没有太高的学历，所以只能在一个普通的单位上班。在我读书的时候，父母也曾教诲我要好好学习。知识改变命运，这是世人共识的。每个家长都期望自己的孩子成长，但是期望值却不一样。有的家长望子成龙，希望自己的孩子高人一等；而大多数家长期盼自己的孩子能够平平淡淡，安安稳稳地过一生。

曾经，父母只知道一味地要我好好读书，将来可以摆脱农村人那面朝黄土背朝天的命运，一生衣食无忧！但那时候的环境不一样，人们生存的压力远没有今天这样大，教育的方式也不一样。长辈们住在田地里一边干活，一边这样对我絮叨：要好好学习，否则将来就一辈子在农村里没有出息。也许是我天生愚钝，这些话对我来讲刺激并不大。我依旧认识不到学习的重要性，反而觉得只要不读书，干什么都是一件快乐的事情。

在上学的时候，我始终不能理解他们的一番苦心，也未能如父母期望的那样好好学习，而只是知道贪玩。最终，我草草结束了校园生活，踏上了一条外出谋生的艰难道路。刚开始，我觉得挺好玩儿，后来随着时间越来越长，我也慢慢变得越来越疲惫，越来越迷茫。当初觉得只要离开学校就好了，现在真正走到这一步的时候，反而觉得很无助。然而，不论我如何悔不当初，时间是再也回不去了，只能硬着头皮继续走下去。

随着时光的流失，经验的累积，我觉得自己可以独当一面，去做点事情的时候，我选择自己开了一个小店。不当家真的不知道柴米油盐有多贵，在经营着自己那个小店的时候，我遇到了很多问题。三番五次这样折腾来，那样折腾去，最后一分钱也没赚到，反而欠了一屁股债。

然而就在我几经迷茫，想把店面转出去的时候，却遇上了

205

咱们家的修身管家。我很幸运地抓住了这根救命稻草，从此改变了我那小破店半死不活的状态，并在这个项目上赚了点小钱，还完了之前的那一屁股外债。

真的，我觉得我是幸运的。如果没有遇到双总，我真的不敢想象我今后的日子里会是怎样。我时常在想我要打多少年的工，才能把那些外债还完？当时，每当信用卡要还款的那几天，我都是彻夜难眠，完全睡不着觉。总是在想，需要还钱了，卡里没钱怎么办？怎么办？每当想到要还那么多钱，每次都能从梦中惊醒过来。回忆起那段潦倒不堪的时光，现在都觉得历历在目，仿佛就是昨天才发生的事情一样。

每当想到尊敬的双总及市场上所有辛苦付出的老师们，我的心里都是满满的感动！**她们是一群非常愿意付出的人**，每天凌晨两三点都还在高速公路上奔波，为的只是第二天早上能准时地去给店家做培训，去帮助更多的人。就像老师说的那样，**她们都是一双高跟鞋，一个行李箱，一条修身裙，一辆车，一部手机就闯江湖的人。**

为了支持她们的合作伙伴，她们千里奔忙、风雨无阻。这种天不怕地不怕的精神，深深吸引了我，这样一群正能量的人，值得我一辈子紧紧跟随。

2018 年春节的时候，我有幸能跟随双总一起去泰国游学。此次去泰国，是因为双总考虑平时老师们大多数时间都是在市场上奋斗的，很少能回家陪老公和孩子。于是精心安排了为期五天六夜的泰国之旅，让我们带着家人一起去体验异国的风土人情。在泰国的这几天，双总把点点滴滴的细节都安排得很温馨周到，而且，没让我们出一分钱。六十多个人，在泰国的几天里，大约花了一辆买豪车的钱，但是双总从来没计较过这些，而是觉得只要我们能跟家人一起团聚，开心就好。

其实，让我最感动的，是双总这样的一个举动：大家都知道海水退潮以后，会有很多的小沙滩蟹在沙滩上行走，这也引来很多小孩子去追捕。这个时候就有一个小孩子抓到很多的小沙滩蟹，去跟双总分享他的喜悦。我们尊敬的双总就很大方地蹲下来，亲切地跟他说："宝宝，这个不能抓也不能带走，因为小螃蟹也有亲人朋友，也有爸爸妈妈，我们要是把它抓走了。它的爸爸妈妈会着急的。"

双总这样的一个动作，这样一句温柔的话语，让我觉得满满的感动，和对她思想的心悦诚服。真的，如果是换成别人，那就绝对只要小孩子开心，做什么都可以。

跟对人，做对事，真的很重要。双总这么智慧，这么平易近人的领导人，我愿意一辈子紧紧地跟随。

在这封信中虽然有很多对我的夸赞，但我觉得那是我微不足道的一面，甚至我还可以做得更好。我感动的是这份利他之心对他人真正的帮助和利他之心对自己这份爱的滋养。

今天我们会因为这份利他之心而收获成长，明天我们人就会用这份利他之心去帮助他人成长。团队每帮助一位客户，就能让客户也收获到利他之心带来的良善，而客户也会传递给他的客户，就这样人与人之间就建立起了把爱传出去的和谐环境。

经营者的最高境界是在经营人的思想和灵魂。对于员工想想自己可以为员工创造什么样的未来景象；对于客户想想自己可以为客户创造什么样的价值；对于企业想想企业未来要成为什么样的品牌，是否需要拥有生命力；对于社会想想我们还可以为社会多做一些什么。遵从于这样的发心，我们心中升起使命感，并建立正心、正念的价值观带领自己和整个企业走人间正道，传浩然正气，我们利他之心就会真正传递真善美。这个时候，员工、客户、市场和社会就会和企业一起为实现这个我们所期待的样子而共同努力。

当我们开始利他，我们也会把这份利他之心放在产品上、服务中、销售间，自然构成了品牌最好的宣传，在市场上拥有自己的品牌价值。我们利他是从企业自身出发，为客户提供价值，为员工、社会和国家提供价值，当把整个企业的品牌商业价值做到最大化时，我们本身就是在行善做公益。所以，利他就是一个因果的循环。

我曾经服务过一个客户，他是个备受五年痘痘折磨的孩子。他尝试过内服、外抹、激光治疗等一切市面上的治疗手段，最终钱花了不少，皮肤却丝毫没有好转。青春期的他，是一个多么美好的年龄，但青春痘的折磨却致使他的内心极度自卑、性格非常孤僻，每天唉声叹气地感慨命运不公，严重时甚至产生过轻生的念头。结识我们时，他已经心灰意冷有着死马当活马医的念头了，但我们并未急于马上对他进行治疗处理。因为，在从事美业多年中，我发现，年轻的人们在追求美上有着极致化的需求，青睐速效结果，厌恶长效的理念。

从从业者的角度上来说，满足这一需求，的确能快速给我们带来了业务上的快速增长。但却并不是一个良好的追求美的内在心态。不懂美、不懂审美，一味地单纯追求快餐式的外表华丽美，损伤的不仅仅是消费者的口袋，也将是他们对于这个行业的信任。将会把这个行业带到一个万劫不复甚至于毁灭的地步。这是很多人在面对皮肤、身体问题而想要美的结果在认识和观念上的病态。所以，面对这个客户，我们先通过足够的专业、细心和耐心给予他足够的信心，在建立了信任的基础上，我们有了良好的配合，加上有效的产品，才使我们和客户一起获得了彼此满意的结果。

当我们为这个客户治好了脸上的痘痘时，他重新恢复了往日的开朗，人也变得越来越自信了。同时，为了感谢我们的"再造之恩"，还愿意以亲身经历为我们做宣传，让更多与他一样受困扰的人能够重建信心，带着正确的理念进行治疗。这些举动，正是因为他内心收获了真正的认可才能够散发出来的利他力量，而我们心心相印，也以企业的方式与之呼应。

2019年7月，我们向全社会发出声，通过出资组织《"生命启航"生命正能量的青少年关爱课程》活动，来为更多的青少年通过树立正确的人生观和价值观，为他们注入健康、自信的内心力量，以积极阳光的心态面对生活和学习。

但凡我们能够治愈他人内心，对我们自己也都是一个内心自愈的修炼过程。但凡我们能够站在他人的角度上始终利他，最终也会"爱出者爱返"。

起心动念利他，先付出，先帮助别人，从自己做起，为这个社会传播正能量。"利他之心"就不止是一种人生豁达的境界，更是我们不断发展壮大的源头。从"利他之心"出发，一定能依靠强大的整体力量做到持续发展。我们相信企业当中，只有做了有利于员工、客户乃至整个行业的事情，才会得到同样有利的回报。

利他则久，利他最终才能利己。人人利他，众企利他，合作共赢、和谐共生将带来行业和谐，社会和谐和国家和谐。我们始终在"美丽一个女人、幸福一个家庭、和谐整个社会"的愿景下，持续去做利他的事，便会拥有一个强大的精神信仰，建立起自己独特的精神力量。用品牌信仰成就自己，成就美业。

作者寄语

美丽是一种习惯

优雅是一种态度

自信是一种资本

魅力是一种时尚

"美丽一个女人，幸福一个家庭，和谐整个社会。"这是双尚的社会价值与责任担当。承蒙各界朋友的关心和支持，我们才得以在社会经济中立足，取得今天的成绩。作为美丽的塑造者，身上的职责不光是帮助客户拥有外在美，更要给客户恰当的引导和正确的指导，在她们思想中培育关于健康美丽的正确观念，这也是一份社会责任。

每一位女性在内心深处都有一个梦想——渴望着拥有一个尽情展示美丽与才华的舞台。我希望全天下的女性都不要轻易地拒绝美，而是勇敢地追求美丽，女人本就应该如花肆意绽放。

美丽是一种热爱生活的表达。在创造美、展示美的同时，周围的人也享受到了美的魅力而心旷神怡，社会也变得更加和谐。

"爱美之心，人皆有之"。然而，能够把美丽做成职业的不多，把美丽经营成事业的更少。我希望越来越多的女性朋友们加入我们的队伍中，与我同行，与我一起致力于美丽事业，热爱美，创造美，传播美，让这个世界变得更美……找到美丽与生命的共鸣，把美丽升华成一种源源不断的正能量！

一个真正有魅力的女人，在事业上才华尽现，懂得如何在社交中现实自己的智慧，发挥自己的才干。

一个真正有魅力的女人，在生活中可以主宰自己的命运。

一个真正有魅力的女人，是最会投资自己的人，投资自己两大永赚不赔的资本："自己的外在与自己的大脑"。

女人的自信是魅力的源泉，自信的女人是一本经典的书，耐看、耐读、耐品！自信的女人一身美丽，美丽一生，绽放一生，精彩一生。

我还在努力，希望有一天，能让每个女人都能"美丽一身，一生美丽"！

读书笔记

读书笔记

让我们一起读书吧，智读汇邀您呈现精彩好笔记

—智读汇一起读书俱乐部读书笔记征稿启事—

亲爱的书友：

感谢您对智读汇及智读汇·名师书苑签约作者的支持和鼓励，很高兴与您在书海中相遇。我们倡导学以致用、知行合一，特别打造一起读书，推出互联网时代学习与成长群。通过从读书到微课分享到线下课程与入企辅导等全方位、立体化的尊贵服务，助您突破阅读、卓越成长！

书 好书是俊杰之士的心血，智读汇为您精选上品好书。

课 首创图书售后服务，关注公众号、加入读者社群即可收听 / 收看作者精彩微课还有线上读书活动，聆听作者与书友互动分享。

社群 圣贤曰："物以类聚，人以群分。"这是购买、阅读好书的书友专享社群，以书会友，无限可能。

在此，我们诚挚地向您发出邀请：请您将本书的读书笔记发给我们。

同时，如果您还有珍藏的好书，并为之记录读书心得与感悟；如果你在阅读的旅程中也有一份感动与收获；如果你也和我们一样，与书为友、与书为伴……欢迎您和我们一起，为更多书友呈现精彩的读书笔记。

笔记要求：经管、社科或人文类图书原创读书笔记，字数 2000 字以上。

一起读书进社群、读书笔记投稿微信：15921181308

读书笔记被"智读汇"公众号选用即回馈精美图书 1 本（包邮）。

—————— 智读汇系列精品图书诚征优质书稿 ——————

智读汇云学习生态出版中心是以"内容 +"为核心理念的教育图书出版和传播平台，与出版社及社会各界强强联手，整合一流的内容资源，多年来在业内享有良好的信誉和口碑。本出版中心是《培训》杂志理事单位，及众多培训机构、讲师平台、商会和行业协会图书出版支持单位。

向致力于为中国企业发展奉献智慧，提供培训与咨询的**培训师、咨询师，优秀的创业型企业、企业家和社会各界名流**诚征优质书稿和全媒体出版计划，同时承接讲师课程价值塑造及企业品牌形象的**视频微课、音像光盘、微电影、电视讲座、创业史纪录片、动画宣传**等。

出版咨询：13816981508，15921181308（兼微信）

— 智读书苑 098 —
关注回复 098 **试读本** 抢先看

● 更多精彩好课内容请登录 智读汇网：www.zduhui.com